GPS Praxisbuch
GARMIN. Edge 705/605

www.red-bike.de

Verlag: Lulu.com

© 2010 Red Bike®   Auflage 1

GPS Praxisbuch für Garmin Edge 705 und 605

Autor und Grafik:
    RedBike® 83115 Neubeuern, Janet Bader

ISBN 978-1-4461-8831-6

Inhaltsverzeichnis

Vorwort

Willkommen im Kreis der GPS-Trainingsgeräte-Nutzer, die sich für ein Gerät entschieden haben, welches Fahrradcomputer und GPS-Gerät zugleich sein soll.

Das hier beschriebene Vorgehen ist nur auf die Geräte Edge705 (vollkommen) und 605 (mit Ausnahmen) anwendbar.

Da der Edge 605 über keinen barometrischen Höhenmesser, und keine Möglichkeit zur Kopplung von Herz- und Trittfrequenz-, sowie der Wattmessung besitzt, treffen Erläuterungen zu diesen Punkten logischer Weise auch nicht zu. Jedoch in allen Navigationsaufgaben und der Datenstruktur gleichen sich beide Geräte vollkommen.

Sind die grundlegenden Vorgänge mit dem Gerät und der Tourenbereitstellung am PC erst einmal klar, wird der ein oder andere vielleicht auch andere Wege entdecken, welche speziell ihm einfacher erscheinen. Denn durch die ständige Weiterentwicklung von Geräten und Software, unter der Bedingung, dass auch alles mit allem kompatibel bleiben soll, entstehen so auch mehrere Wege zum Ziel.

Wir denken, da es sich hier um ein Sportgerät handelt, wir also im sportlichen Kreis unter uns sind, dürfte es doch niemanden unangenehm sein, wenn wir uns duzen?

Und so wollen wir uns sofort ins Abenteuer stürzen!

Für Fragen und Anregungen zum Thema freuen wir uns über eine E-Mail an: buch@red-bike.de

Kapitel 1 - Allgemeines / Grundwissen

Einsatzgebiete Edge 705 / 605

Als Trainingsgerät mit GPS-Aufzeichnung wurde das Modell 705 in erster Linie für den fitness- und leistungsorientierten Biker entwickelt. Durch sein umfangreiches Angebot an Navigationsmöglichkeiten, erfreut es sich jedoch schon längst einer weit vielseitigeren Fangemeinde. Ob als Fahrradcomputer, als GPS-Gerät am Lenker, als Datenstatist unendlicher Trainingsdetails, als virtueller Trainingspartner und Tempomacher, ob als mobiles „Aushilfs"-Navi im Auto, oder anspruchsloser Reiseführer im gänzlich unbekannten Urlaubsgebiet, mit der entsprechenden Karte im Gerät, ist der Edge mit Kartendarstellung, das Universaltalent für den Fahrradbereich und ein wenig darüber hinaus.

Kombinierbar mit fast allen Garmin-Karten erfüllt das Gerät also auch in anderen Lebenslagen die GPS-Aufgaben mit Bravour.

Die Garmin-Trainingsgeräte besitzen ein stabiles, schlagfestes Kunststoffgehäuse und sind wasserdicht nach Standart IPX7 (30-minütiges Eintauchen in tiefes Wasser, jedoch kein Salzwasser). Die Garmin-Empfänger verkraften Temperaturen zwischen -15 und +50°C, wobei der Edge nur bei Temperaturbereichen über der Nullmarke geladen wird.

Der fest eingebaute Lithium-Ionen-Akku ermöglicht die flache Bauart, das geringe Gewicht und eine Betriebszeit von 16 Stunden bei aktivem GPS-Empfang. Inzwischen sind fast alle Garmin-Modelle mit hochempfindlichen Empfängerchips ausgestattet. Dichter Wald und enge Felsschluchten bringen den Edge also kaum noch aus der Fassung.

Der Speicher des Edge´s kann durch eine Micro SD-Karte mit bis zu 4GB erweitert werden.

Im Lieferumfang ist eine Basiskarte im Gerät installiert, die allerdings nur Autobahnen, große Landstraßen, Städte als Punkte und große Gewässer darstellt. Die automatische Navigation ist also auch nur auf diesen vorhandenen Straßen möglich.

Um sich von dem Gerät so navigieren lassen zu können, wie man es für die Bewegung mit dem Fahrrad erwartet, ist genaueres Kartenmaterial vonnöten. Dieses muss mit dem Gerät kompatibel und für die entsprechende automatische Berechnungsfunktion im Gerät programmiert sein.

Auf Deutsch: es sind also nur Karten von Garmin oder für Garmin, von anderen Herstellern, produzierte Karten möglich. Man unterscheidet in zwei

verschiedene Kartentypen

Es gibt zum einen, die Straßenkarten. Diese beinhalten alle asphaltierten Wege, zum Teil sogar auch stark frequentierte Schotterstraßen aber auch unzählige nützliche Info´s zu bestimmten Adressen, auch Points of Interest (POIs) genannt, wie z.B. Sehenswürdigkeiten, Unterkünfte bis hin zu Krankenhäusern und dessen Notfallrufnummern.

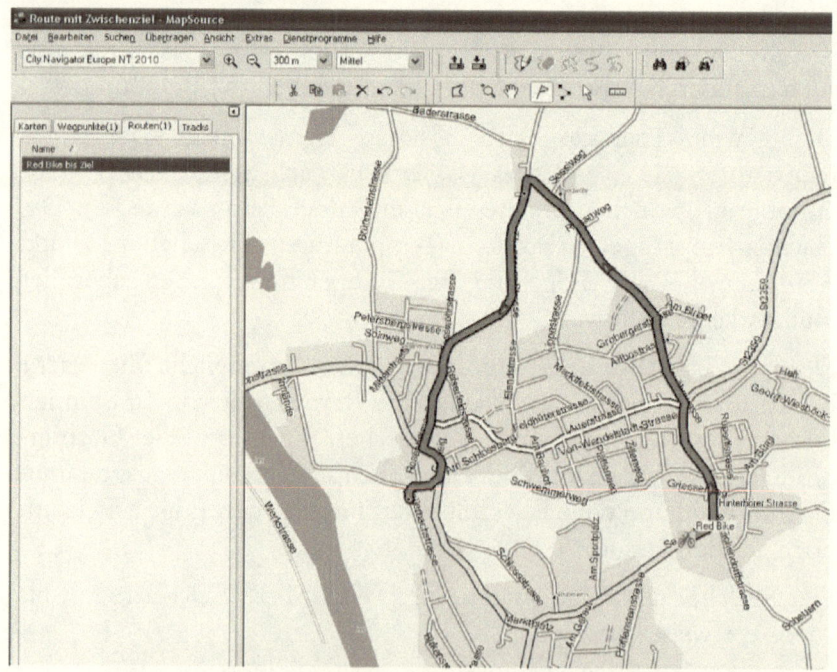

Abbildung 1-1 Routenplanung am PC in der „MapSource" Software und CityNavigator®-Straßenkarte/
3 Mouseklicks in die Karte für Start, Zwischenziel, und Ziel und man erhält Infos´s über Entfernung und Fahrtzeit entsprechend den gewählten Einstellungen (Fussgänger, Fahrrad, Auto)

Diese Straßenkarten können als DVD erworben werden, welche den Vorteil bieten, dass man sich vor der geplanten Reise einen sehr guten Überblick am PC-Monitor verschaffen und komfortabel allerlei Möglichkeiten vorausplanen kann. Diese DVD´s, sind lizensiert und oft auf nur 1 GPS-Gerät und 1 Computer begrenzt. Einige Regionen kann man als vorprogrammierte MicroSD-Karte erwerben, welche die Nutzung in mehreren GPS-Geräten zulassen, eventuell einen kleineren Teil abdecken und daher auch günstiger sind. Eine Verwendung der Kartendaten am PC ist dann allerdings nicht möglich. In Garmin-Straßenkarten ist eine automatische Berechnung zu einem Zielpunkt möglich.

Der zweite Kartentyp, sind die topographischen Karten, auch Freizeit- und Wanderkarten genannt. Diese beinhalten Straßen, Wege & Steige, Gewässer, Vegetation, Geländeformen, Höhenlinien, Gipfel, sowie zahlreichen POIs, wie Hotels, Restaurants, Sehenswürdigkeiten, Berghütten … Diese Karten waren bisher meistens nicht immer in der Lage, selbstständig den Weg zu einem gewählten Ziel zu berechnen. Diese automatische Berechnungsfunktion wird jedoch momentan immer mehr zum Standart bei den topographischen Karten von Garmin. z.B.: Mit den Karten: Topo Deutschland 2010, Topo Österreich V2, Garmin Transalpin und allen neueren Karten, kann man diese „Routen"-Funktion nutzen.

→ Jedoch ist hier die vorübergehende Nutzung im Auto mit Vorsicht zu genießen. Trotz der Einstellung der Bewegungsart „Auto", bevorzugt die Routenberechnung in diesen Karten immer den kürzeren Weg, ohne dabei die Straßenverkehrsordnung zu beachten. So kann es bei diesen Karten passieren, dass in Kreisverkehren links herum geführt wird, und bei Autobahnauffahrten auch mal schnell die näher liegende Abfahrt zur Auffahrt angewiesen wird.

Auch diese Karten gibt es als DVD für die lizensierte Benutzung am PC und als sofort einsatzbereite, vorprogrammierte MicroSD-Karte für das GPS-Gerät. Ganz unterschiedlich sind einige Regionen nur als Set, andere wiederum entweder als DVD oder MicroSD-Karte erhältlich.

Durch eine wesentlich detaillierte Darstellung, decken diese Karten im Vergleich zu Straßenkarten einen viel kleineren Teil ab, z.B. Nord-, Süd- oder maximal ganz Deutschland.

Aktuell existieren 2 Kartenbearbeitungsprogramme von Garmin. Das zuerst Erschienene, nennt sich: „MapSource". Hiermit kann man sehr übersichtlich Tracks, Routen und Wegpunkte erstellen und bearbeiten. Seit Ende 2009 wird die neue Software: „BaseCamp" zunehmend mit den topographischen Karten ausgeliefert, was eine bessere Kommunikation für die Outdoormodelle, aber auch Trainingsgeräte, wie den Edge705/605, ermöglicht. Hierin sind die 3D-Ansicht und eine komfortablere Tourenvorbereitung/-Auswertung, anhand des Höhenprofils möglich.

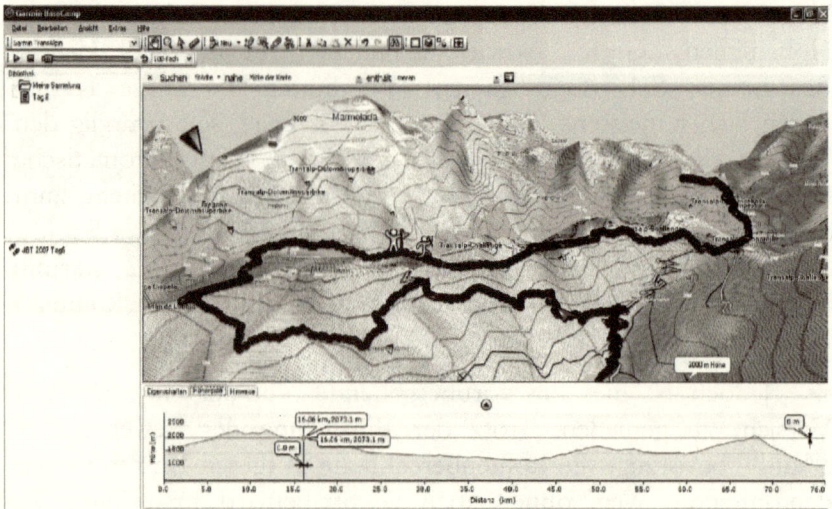

Abbildung 1-2 Abfliegen des Tracks in 3D Ansicht in BaseCamp

Besitzer der MapSource Software sitzen nun allerdings keines Wegs auf dem Trockenen. Denn BaseCamp steht kostenlos auf Garmin´s Downloadseite (www.garmin.de > Extras > Downloads) zum herunterladen bereit und die alten Kartendaten werden von BaseCamp genauso akzeptiert und eingebunden.

Ebenfalls aus der Kartensoftware heraus, werden die Kartendaten zum GPS-Gerät gesendet, wenn man keine vorinstallierte MicroSD-Karte im Edge verwenden möchte (bei angeschlossenem Edge, in

Basecamp: rechter Mausklick auf die erkannte, im Edge liegende leere MicroSD-Karte > "Karten installieren").

Ist man im Besitz mehrerer Garmin-Karten, z.B. verschiedene Regionen oder Topo- und Straßenkarten, können die Kartendaten der verschiedenen Karten mittels einem „Karten installieren" - Vorgang zum Gerät übermittelt werden. Nun kann man regionsübergreifend im Gerät mit den Karten arbeiten. Das heißt, wenn man eine Grenze überschreitet, an der die eine Karte eigentlich zu Ende wäre, bemerkt man dies im Gerät überhaupt nicht, im Display schließt sich einfach und ganz unbemerkt, die nächste Kartenregion an.

Möchte man sich am PC überhaupt nicht mit der Planung beschäftigen, sind die vorprogrammierten SD-Karten für das GPS-Gerät sicher von Vorteil. Damit erspart man sich auch den Freischaltungsprozess für PC und Gerät. Man legt die SD-Karte einfach in das Gerät ein (Einschubschacht auf der unteren Rückseite) und los geht´s. Manchmal spart man sich dabei auch einen kleinen Teil der Anschaffungskosten, da es diese in kleineren Abdeckungsvarianten gibt, als bei der DVD-Variante.

Bewegt man sich jedoch oft im Grenzgebiet, müsste man dabei die SD-Karte ständig wechseln. Wohl eine eher unerträgliche Situation.

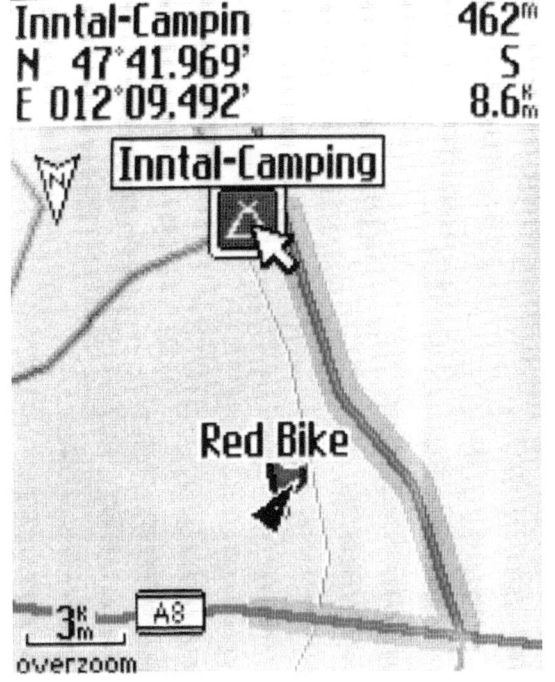

Ist nur die Basiskarte, also keine genauere Karte im Gerät installiert, bleibt das Gerätedisplay so ziemlich leer, sobald man in die Kartenansicht unterhalb der 3 km-Darstellung hineinzoomt.

Die automatische Berechnung zu einem Zielort, nur anhand der im Gerät vorhandenen Basiskarte, erfolgt auch nur auf den darin enthaltenen Straßen.

Abbildung 1-3 automatische Berechnung zum Zielort anhand der Basiskarte

Für das Betreiben des Gerätes ist es aber nicht zwingend erforderlich, Kartenmaterial zu erwerben. Man kann sich z.B. einen Track vom Bekannten oder aus dem Internet, auf das Gerät legen und dieser Linie folgen. Anhand der Darstellung der eigenen Position auf dem Display, muss man dann einfach selbst aufpassen, dass man der Linie folgt. Wer darin gut geübt ist, hat vielleicht mit dieser Situation keinerlei Probleme. Allerdings ist es schon von sehr großem Vorteil, wenn man z.B. an einer etwas parallel auseinander laufenden Wegabzweigung, mittels der darunter liegenden Kartendarstellung im Voraus sehen kann, ob die Linie auf dem linken oder rechten Abzweig weiterläuft. Ohne Kartenhinterlegung hat man in diesem Fall nur die 50/50%-Chance, sich für den richtigen Weg zu entscheiden. Entweder sieht man dann auf dem Display, dass man sich weiterhin auf der Linie bewegt oder man stellt nach 50m oder erst später fest, dass es der falsche Weg ist.

Für die Verwendung von kostenlosem Kartenmaterial ist OpenStreetMap (OSM) sicher eine empfehlenswerte Adresse. Hier handelt es sich um eine freie Weltkarte nach Wikipedia-Prinzip. Die Geodaten entspringen den freizeitlichen GPS-Aufzeichnungen, Abmessungen und Verwaltungen von derzeit 280.000 Hobbykartografen (Stand Sept.2010, monatlich um 10% steigend) und legt somit ein eigenes Wegenetz über unseren Erdball, was zur kostenlosen Nutzung, aber auch zum Mitmachen einlädt. Obwohl dieses System erst seit dem Jahre 2008 heranwächst, findet man beliebte Regionen und Ballungsgebiete schon in bester Qualität vor. Gerade für Urlaubsgebiete, von denen es noch keine digitalen Karten gibt, kann man hier oft schon eine Kartenhinterlegung für sein Garmin finden. Die Karten zu den verschiedensten Geräten, Regionen und Nutzungsarten (MTB, Radwandern, wandern, etc...) stehen mitunter auf verschiedenen Portalen zum Download bereit, die auf den OSM-Seiten verlinkt sind und man bei der entsprechenden Kartenauswahl automatisch erreicht. Daher kann der Weg zum Download einer entsprechenden Karte jedes Mal ein anderer sein und verändert sich mit zunehmender Interessengemeinschaft unentwegt. Eine allgemeine Anleitung ist daher noch unmöglich.

Für Neulinge ist auf alle Fälle der erste empfehlenswerte Schritt: auf der Hauptseite von www.openstreetmap.org , in der linken Leiste bei „Help+Wiki", auf „Wiki" zu klicken. Falls noch nicht geschehen, kann man die folgende Seite in der oberen Leiste in die eigene Sprache umstellen. Auf dieser Seite findet man dann den Wegweiser-Kasten, der ganz klar die ersten Schritte und Möglichkeiten bei OSM beschreibt. Möchtest Du Karten für Dein GPS-Gerät verwenden, sieh unter „Anwender", weiter unten: „Karten auf GPS Gerät verwenden" nach.

Solch ein Kartendownload ist eine meist sehr große Datei (oft 1GB), die eine Installations(.exe)-Datei enthält, welche die Karte in die MapSource und BaseCamp einbaut. Sollte sich danach Deine Software jedoch nicht mehr öffnen lassen, entferne die OSM-Karte wieder mit der gleichen Installationsdatei, welche auch die Möglichkeit der Deinstallation beinhaltet. Dann verträgt sich Deine Softwareversion nicht mit der, der OSM-Karte. OSM-Karten ermöglichen selten die Darstellung des Höhenprofils.

OSM-Karten sind Pixelkarten mit einem hinterlegten „Vektorgerüst", mit dem letztendlich auch ein Garmin-Gerät auf den eingetragenen Wegen eine Route zum Ziel erstellen kann.

Die Garmin-Karten für GPS-Geräte sind reine Vektorkarten, die durch ihre geringeren Datenmengen dem Gerät ein schnelles Arbeiten ermöglichen. Das Wissen über Vektorkarten ist für den GPS-Anwender allerdings nicht weiter von Bedeutung, für die Funktion des Garmin-Gerätes jedoch dafür umso mehr. Daher sei nur mal kurz auf weitere Vorteile hingewiesen: Je weiter man in die Kartenansicht hineinzoomt, desto mehr Details kommen zu Tage. Man hat also bei einer Kartendarstellung mit z.B. 3km-Maßstab eine übersichtliche, scharf dargestellte Karte mit den markantesten Informationen, und je weiter man in die Karte hineinzoomt, desto mehr detailliertere Informationen kommen hinzu, ohne dass sich die Bildqualität verschlechtert. Mit individuellen Einstellungen kann man beim Edge die Details in der Vektorkarte verdichten bzw. verringern.

Verändert man im Gegensatz bei einer scharf dargestellten Pixelkarte den Maßstab, wird die Kartenansicht unscharf und man kann keinerlei Karteninformationen erkennen. Zoomt man weit hinaus, kann man dadurch keinerlei Ortsnamen lesen.

Doch schneller als erahnt, stecken wir schon inmitten dieser GPS-typischen Fachbegriffe. Daher müssen wir zu allererst einmal klären, was ist was.

Routen, Tracks und Strecken/Courses

Wie also soeben bereits schon einige Male angesprochen, handelt es sich bei Routen, um den automatisch berechneten Weg zum Ziel (auch Autorouting genannt). Also genau das Gleiche, wie man es vom Autonavi kennt, bloß eben ohne Sprachausgabe. Der Edge meldet Abbiege-Situationen mit Piepstönen und Detaileinblendung.

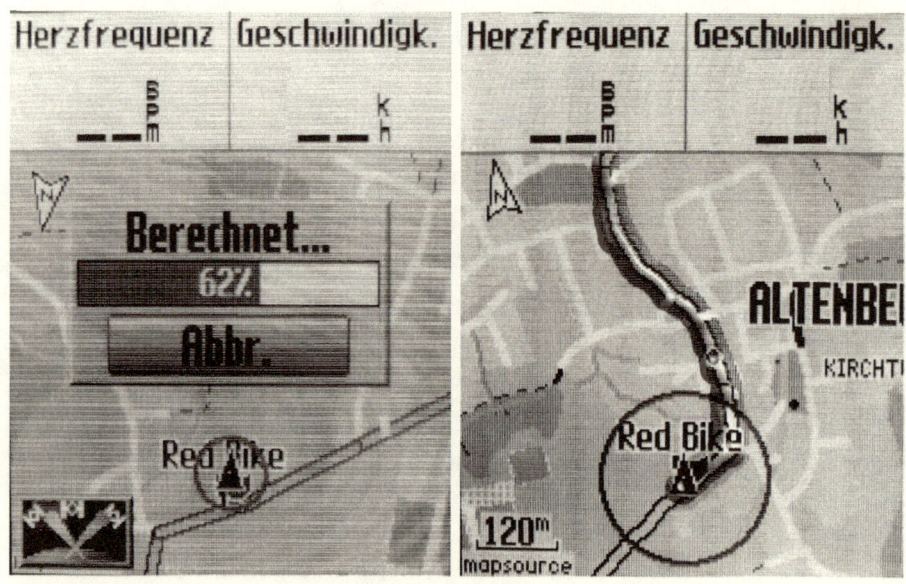

Abbildung 1-4 Kartenansicht, Start einer Route

Eine Route besteht oft nur aus dem Start- und Zielpunkt, evtl. noch 2 oder 3 Zwischenzielen. Diese Art der Navigation wählt man, wenn das Ziel wichtig, der Weg dorthin jedoch egal ist. Routen eignen sich nur dann, wenn man sich in eine Richtung bewegt.

Im Edge wird für den Start einer Route der Zielpunkt (Menu>Zieleingabe>Suchen) ausgewählt und vom Gerät anhand der gewählten Routingeinstellungen (Menu> Einstellungen> Routing) ausgehend vom aktuellen Standort berechnet. Man braucht keinerlei Vorbereitungen zu Hause am PC zu treffen. Für diese Navigationsvariante ist eine routingfähige Karte im Gerät notwendig.

In der PC Software BaseCamp erstellt man eine Route mit wenigen, mindestens 2 Mouseklicks (1 für Start und 1 für Ziel). Den Weg dazwischen berechnet die Software aufgrund der gewählten

Einstellungen (Fahrrad, Fussgänger, Auto/Motorrad etc.). Eine Route wird im GPX-Format abgespeichert. Eine kreisförmige Route, wie es in der Kartensoftware am PC durch das Setzen von Zwischenzielen möglich ist, funktioniert im Edge jedoch nicht immer, weil es dem Sinn einer Route (den günstigsten Weg zu Ziel zu finden) widerspricht.

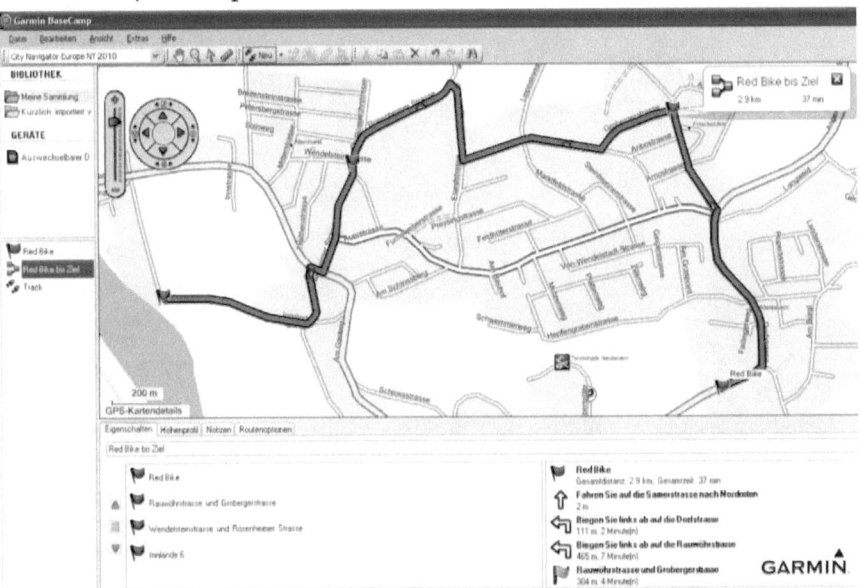

Abbildung 1-5 eine Route wird zwischen dem Start- und Zielpunkt von der Software automatisch berechnet, es sind auch Zwischenziele möglich.

Bei einem kreisförmigen Tourverlauf (was bei einer Fahrradtour am typischsten ist) entscheidet man sich besser für eine Navigation mittels <u>Track</u>. Bei einem Track ist der Weg das Ziel. Man hat die Tour in der Karte am PC also extra ausgewählt und gezeichnet, und der Edge soll sich unterwegs komplett aus der Wegführung heraushalten. Beim Zeichnen muss jeder Mouseklick (=je ein Trackpunkt) so exakt auf dem geplanten Weg abgelegt werden, dass die entstehende Linie auch genau den Wegverlauf wieder gibt. Denn die Linie zwischen den geklickten Punkten wird jetzt **nicht** von der Software berechnet oder verändert. In der PC-Software zeichnet man einen Track also auch mit einem anderen Werkzeug, als eine Route. Beim Zeichnen in einer topographischen Karte erhält man wichtige Infos zum bevorstehenden Höhenprofil der Tour.

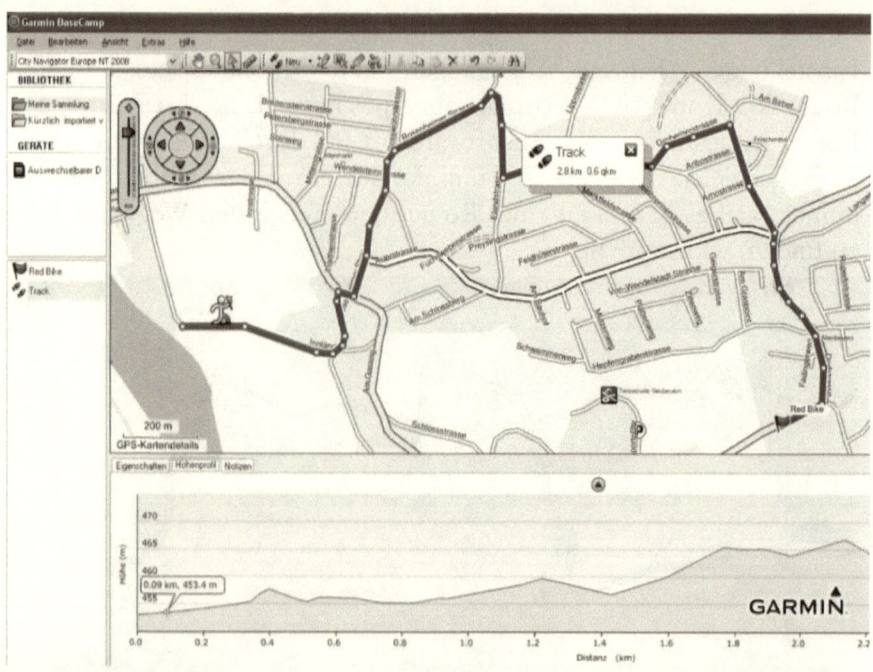

Abbildung 1-6 <u>Track:</u> mit 35 Trackpunkten, je ein Mouseklick in die Karte; man selbst muss die Mouseklicks (also die Trackpunkte) so genau setzen, dass die Linie best möglichst auf dem geplanten Weg verläuft.

Im Edge lässt man sich diese Track-Linie dann in einer gewünschten Farbe im Display anzeigen und achtet selber darauf, dass sich der eigene Positionspfeil auf der Linie befindet. Bewegt man sich von der Linie weg, rückt sie aus dem Display (da sich der eigene Positionspfeil immer in der Displaymitte befindet), aber ändert auf keinen Fall den Verlauf durch eine Neuberechnung.

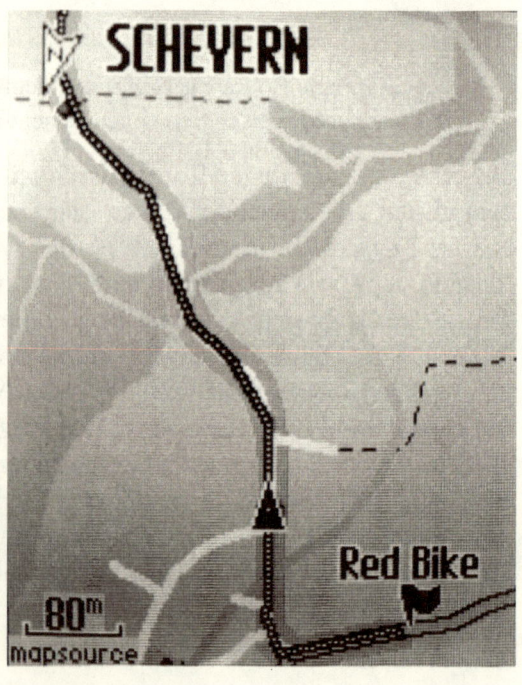

Abbildung 1-7
Edge-Kartenansicht mit Track

Tracks sind ebenfalls die Linien, die man durch die eigene Fortbewegung mit dem Edge, Punkt für Punkt aufzeichnet. Es ist also diese sagenumwobene „Brotkrümelspur". Man muss sich vorstellen, dass man hinter sich zur Wegmarkierung Brotkrümel fallen lässt. Diese Brotkrümel stellen Punkte dar, welche automatisch miteinander verbunden, die Linie der Fortbewegung, also die Tracklinie, kurz: den Track, ergeben.

z.B.: Ein Track einer 80km-Tour besteht aus etwa 2.500-3.000 Trackpunkten.

Tracknavigation: Wenn man also einen Track zur Navigation nutzen möchte, muss man diesen vor Reiseantritt auf das Gerät laden (im GPX-Dateiformat). Entweder ist das die Aufzeichnung einer Tour, die man selbst schon einmal mit dem GPS-Gerät gefahren ist, vom Kumpel oder aus dem Internet bezogen oder am Computer selbst gezeichnet hat. Man kann den Track also nicht vor der Tour im Edge erzeugen, um sich zu einem bestimmten Ziel navigieren zu lassen. Eine Kartenhinterlegung ist hierzu nicht notwendig, erleichtert die Entscheidung an Weggabelungen jedoch ungemein.

Praxiszustand: Im Gelände eignet sich die Tracknavigation immer noch am besten, da die Abbiegehinweise für komplexe Wanderwegabzweigungen, Trampelpfade und Steige oft nicht mit der Realität übereinstimmen. Mit dem Fahrrad bewegt man sich zudem noch recht schnell auf die Kreuzung zu und ist dann mehr verwirrt, als dass man versteht, wo es weitergeht, wenn sich der Abbiegehinweis mit einem z.B. nach rechts weisenden Richtungspfeil einblendet, wobei aber in der Praxis 2 Wege nach rechts abbiegen. Hier ist es oft wichtiger, dass man den genauen Verlauf aller Wege am Display beobachten kann, ohne dass die automatische Detail-Einblendung im entscheidenden Augenblick die Sicht versperrt.

Als Strecken/Kurs(Courses) bezeichnet man die GPS-Aufzeichnungen, die einem GarminGPS-Trainingsgerät entspringen. Diese Art von Tracks beinhalten zusätzlich zu den GPS-Daten umfangreiche Trainingsinformationen, wie z.B. Zwischenzeiten, Puls, Trittfrequenz, Leistung etc. Diese Daten werden somit auch in einem anderen Dateiformat (TCX) abgespeichert und können nach der Tour mit, z.B. der Auswertungssoftware „Garmin TrainingsCenter" am PC haarklein analysiert werden. Aber auch online steht ein Garmin-Tool, zur Auswertung bereit: GarminConnect (www.connect.garmin.com). Weiter raffinierte Auswertungstools stellen wir Euch in Kapitel 5-Auswertung am PC vor.

Diese Aufzeichnung kann auch zur Navigation genutzt werden, eben dann, wenn man sich an seinen eigenen Trainingswerten, einer bereits abgefahrenen Trainingsrunde messen möchte. Hierzu ist es sinnvoll, den virtuellen Trainingspartner einzuschalten (Menu >Training >Virtueller Partner>AN), welcher den Ist-Zustand der damaligen Trainingseinheit simuliert. Diese Strecke/Kurs kann entweder im Gerät, sofort nach der Aufzeichnung, zum erneuten Abfahren umgewandelt, oder im TrainingsCenter umgewandelt und dann zum Edge zurück gesandt werden. Die Datei muss im TCX-Format vorliegen.

Eine Kartenhinterlegung ist nicht unbedingt vonnöten, jedoch in jedem Falle sehr hilfreich. Der Edge bleibt weitgehend still und meldet nur „Kursabweichung", wenn die Strecke in falscher Richtung abgefahren wird oder man sich von der Originalstrecke entfernt (durch Verfahrer oder auch schlechten Satellitenempfang).

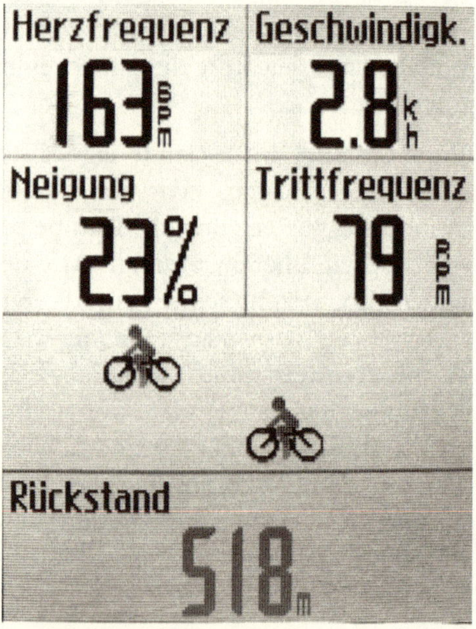

Herzfrequenz	Geschwindigk.
163 bpm	2.8 k h
Neigung	Trittfrequenz
23%	79 rpm

Rückstand
518 m

Abbildung 1-8
abzufahrende Strecke mit dem
virtuellen Trainingspartner,

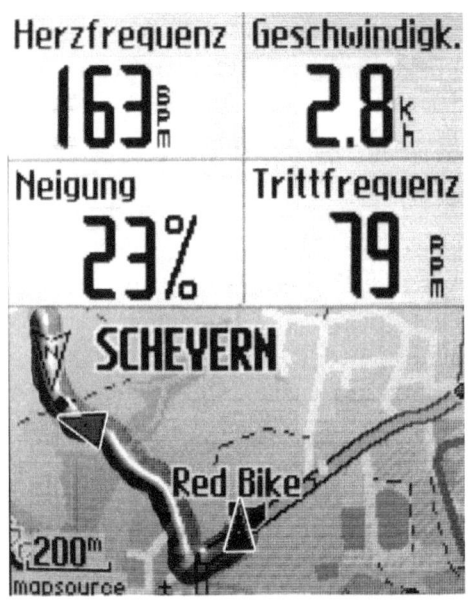

Abbildung 1-9
bei einer zum Abfahren
aktivierten Strecke sind in der
Kartenansicht und im
Höhenprofil jeweils 2 Figuren
aktiv, die den damaligen und
den aktuellen Fortschritt
anzeigen.

Routen, Tracks und Strecken sind also 3 total unterschiedliche Arten der Navigation. In Garmin´s Kartensoftware am PC kann man Routen und Tracks gut auseinander halten (BaseCamp: verschiedene vorangestellte Symbole vor dem Namen). Strecken kann man nur mit einer Trainingsauswertungssoftware analysieren. Öffnet man diese trotzdem in MapSource oder Basecamp, werden sie ebenfalls als Tracks und ohne weitere Trainingsinformationen dargestellt.

Trackpunkte, Wegpunkte, Zwischenziele und POI´s

Die Punkte (die Brotkrumen), aus denen ein Track besteht, nennt man Trackpunkte. Wenn man einen Track am PC zeichnet, sind es die Mouseklicks, die die Trackpunkte erzeugen, welche miteinander verbunden (das geschieht automatisch) die Tracklinie, also den Track bilden.

Wegpunkte sind besondere Punkte, die man sich unterwegs mittels Edge (Menu >Position speichern>ok) abspeichert, weil man an dieser Stelle z.B. ein sehr schönen Ausblick gefunden hat. Es sind eben einfach besonderere Punkte, die man sich zusätzlich merken möchte. Auch in der Kartensoftware am PC kann man sich Wegpunkte erstellen, und an das Gerät senden. Das hat den Vorteil, dass man schnellstmöglich diesen Wegpunkt im Gerät über die Favoriten aufrufen und die automatische Navigation (Routing) zu diesem Punkt starten kann. Man erspart sich auf alle Fälle, das länger dauernde Suchen in den Zieleingabeoptionen, oder gar die buchstäbliche Eingabe der Adresse. Wegpunkten kann man des Weiteren am PC umfangreiche Informationen anhängen, wie z.B. eine kurze Beschreibung, Weblinks, Fotos...ect. (Jedoch nicht alles davon kann im Edge angezeigt/verwendet werden.)

<u>Zwischenziele</u> finden nur bei Routen Verwendung. Es sind die Wegpunkte, die auf dem Weg zum Ziel angefahren werden sollen.

<u>POIs (Points of Interest)</u> ist die Sammlung solcher interessanten Wegpunkte, die der Befriedigung des täglichen Bedarfs dienen oder Anlaufstellen in dringenden Fällen sind.

POI´s sind im Edge unter Menu > Zieleingabe > „Suchen" zu finden.... ;

am PC in Garmin´s Software, mittels dem Fernglas-Button.

Abbildung 1-10 Suche nach Berghütten in der Nähe: Edge>Menu/Zieleingabe/ Suchen/ Unterkunft/ Urlaubsort; wenndie topografischen Karte Garmin TransAlpin im Gerät installiert ist

Eingabe
Hier in der Nähe
Hochrieshaus (1569 ⌐
Breitenberg-Haus
Riesenhütte (1345m
Schutzhütte
Spitzsteinhaus (12 ▾
Von akt. Position ausgehend
SE 8.29 km

Koordinatensystem

Für die GPS-Navigation wird das Kartenbezugssystem WGS84 und der Kartensphäroid (Ellipsoid) WGS84 verwendet.

<u>WGS84</u> (World Geodetic Systems 1984) ist die geodätische Grundlage des GPS-Systems, der Vermessung der Erde und ihrer Objekte mit NAVSTART -Satelliten.

Um nun einen bestimmten Punkt auf der Erde benennen zu können, benötigt man ein System, was die exakte Entfernung, in Breite- und Länge zu einem bestimmten Punkt angibt. Dafür wurde ein Netz über die Erde gelegt (das Koordinatengitter), wobei der Äquator mit 0° der Ausgangspunkt für die Zählung in nördlicher und südlicher Breite und der durch den Londoner Stadtteil „Greenwich" verlaufende Meridian den Nullwert und die Bezeichnung „Nullmeridian" für die Zählung in westlicher und östlicher Länge erhält. Nun kann also der winzigste Punkt auf der Erde exakt numerisch bezeichnet, also mit Koordinaten betitelt werden.

Jedoch existieren hierfür eine Vielzahl nationaler Netze/Gitter, wie z.B. das deutsche Gauß-Krüger-Gitter mit dem Kartenbezugssystem „Potsdam" und dem Ellipsioid„Bessel1841"; das österreichisches Gitter mit dem Bezugssystem „Austria" und „Bessel1841", das schwedische Gitter mit „RT90"... und vielen mehr.

Damit eine weltweite Verständigung möglich ist, arbeiten Rettungsdienste, Polizei, Feuerwehr, Katastrophenschutz, sonstige Hilfsorganisationen, sowie die Vermessung selbst, mit dem UTM-Koordinatengitter mit dem geodätischen Datum und Bezugspunkt WGS84.

Das UTM-Koordinatensystem (Universal Transverse Mercator) wurde 1947 von den Streitkräften der Vereinigten Staaten entwickelt. Im Rahmen der Internationalisierung verdrängt es immer mehr die einzelnen nationalen Koordinatensysteme. So wird in den amtlichen deutschen topografischen Karten das Gauß-Krüger-Koordinatensystem vom UTM-Koordinatensystem, auf Basis des Bezugsellipsoiden WGS84, nach und nach verdrängt.

Bei der Darstellung der Koordinaten im UTM-Format ist die Benennung planquadratorientiert. Diese wird in Metern ausgedrückt.

Dieses Format beginnt immer mit einer 1- oder 2-stelligen Zahl und dahinter einem Buchstabe, der die UTM-Zone repräsentiert.

Die danach folgende obere Zahlenreihe gibt die Messung für die Ost-West Position innerhalb der Zone in Metern an. Dieser Wert wird also „Rechtswert" genannt (engl."Easting").

Die untere Zahlenreihe gibt die Messung für die Nord-Süd Position innerhalb der Zone in Metern an. Dieses ist der Hochwert (engl."Northing).

Merke: „ran an den Baum, hoch auf den Baum"

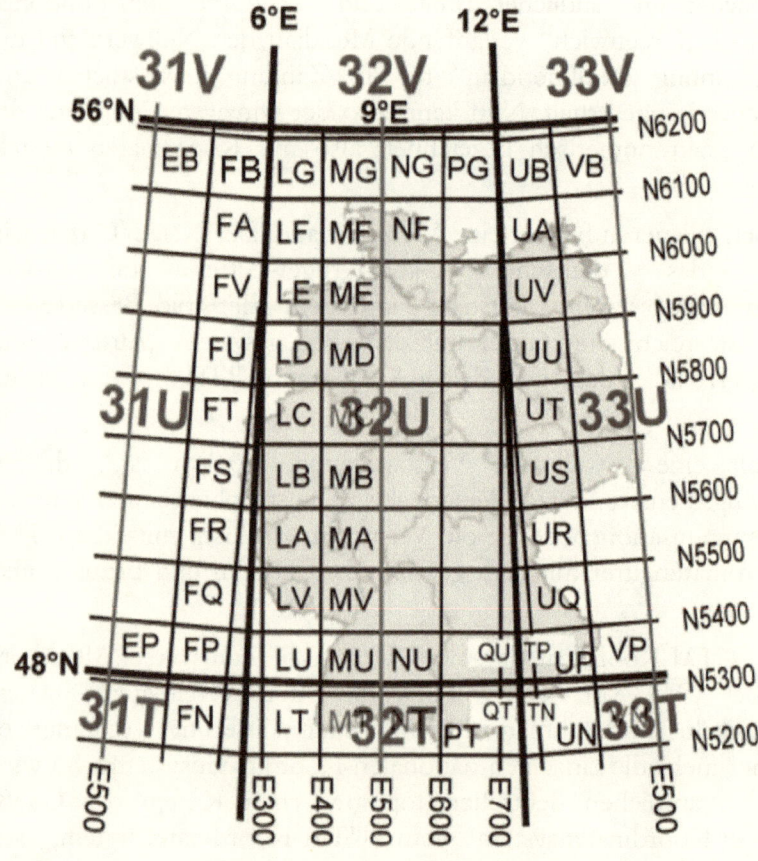

Abbildung 1-11   Quelle: WIKIPEDIA UTM-Zonenfelder

Beispiel Positionsformat:

Edge: Menu > Einstellung > Einheiten > „UTM/UPS". (UPS für das, in der Region der Erdpole, verwendete System). Das Kartenbezugssystem „WGS84" mit dem Kartensphäroid „WGS84" ist im Edge fest eingestellt, man kann lediglich das Postitionsformat ändern.

Der Wegpunkt: Red Bike, 83115 Neubeuern mit den Koordinaten

33 T 0286288
   5295442

befindet sich im Zonenfeld 33T,   286,288 km in östlicher Richtung und 5.295,442 km in nördlicher Richtung. Die Position kann also mit einer Genauigkeit auf 1m beschrieben werden.

Positionsformat in Grad:

Edge: Menu > Einstellung > Einheiten > „hddd.mm.mmm' " (Grad und Dezimalminuten).

Die Wegpunktkoordinaten: Red Bike, 83115 Neubeuern lauten nun

N 47°46.612'
E 12°08.833'

Als Darstellungsformat der Koordinaten, können auch diese angewählt werden.

- **hddd°mm'ss.s'' = Grad Minuten Sekunden**

oder

- **hddd.ddddd° = nur Grad**

Als Nutzer eines Trainingsgerätes, bei dem man das Kartenbezugssystem nicht umstellen muss/kann, sollte man diese Möglichkeit allerdings nie vergessen, sobald man wieder am PC in einer Kartensoftware arbeitet. Denn dort sind sicher wieder alle Optionen frei einstellbar.

Merke: Sobald in den Einstellungen das Kartenbezugssystem und der Kartensphäroid WGS84 eingestellt sind, verläuft die GPS-Navigation mit Garmin-Karten korrekt.

Das Format der Position, ob in Metern oder Grad, liegt im Ermessen des Geräte-Nutzers. Meist entscheidet ist die Weiterverarbeitung von Wegpunkten mit diversen GPS-Programmen am Computer, wo eine bestimmte Einstellung bevorzugt wird, oder die Abgleichung zur mitgeführten Papierkarte. Denn zum jetzigen Zeitpunkt kann keine Aussage darüber getroffen werden, welcher Kartenhersteller, welche Gitterbezeichnung in seiner Karte verwendet/hervorhebt. Oft ist sogar beides vorhanden.

Achtung: in Verbindung mit dem, in der Wanderkarte verwendeten Koordinatensystem können verschiedene Kartenbezugssysteme verwendet worden sein, wie z.B. RT90, Rome1940, Potsdam, NAD27... Das ist der Legende der Karte zu entnehmen, kann im Edge allerdings nicht umgestellt werden, da der Edge ein Trainingsgerät ist und die Orientierung im Gelände, eine untergeordnete Rolle spielt. Neuere Karten, wie alle Garmin-Karten, verwenden WGS84.

WAAS und EGNOS

Für eine höhere Genauigkeit der Positionsbestimmung bei Landeanflügen, wurde für die amerikanische Luftfahrtsbehörde das System WAAS - 'Wide Area Augmentation System'- entwickelt. Die WAAS-Daten erhöhen nur in Nordamerika die Genauigkeit des GPS-Signals, da die Korrekturdaten nur für diesen Raum ermittelt und übertragen werden. Der Empfang des WAAS-Signals ist trotzdem teilweise in Europa möglich, kann hier aber zu Ungenauigkeiten in der Positionsbestimmung führen.

Der europäische Service zur Verbesserung der Positionsgenauigkeit nennt sich EGNOS - 'European Geostationary Overlay Service'. Mit EGNOS soll die Genauigkeit des GPS-Systems in Europa auf 5m steigen. EGNOS besteht aus einem Netz von Bodenstationen, die das GPS-Signal empfangen und an das sogenannte "Master Control Center - MCC" übermitteln. Wie im WAAS werden Korrekturdaten zur Abweichung der Satellitenuhren, die Satellitenbahnen und Signalverschiebungen berechnet, die durch Einflüsse der Atmosphäre und Ionosphäre entstehen.

Die Geräte, Edge 705 und 605, empfangen momentan nur die normalen, für die Trainingsaufzeichnung sinnvollen GPS-Signale.

Für die Land- und Seenavigation ist die mit WAAS/EGNOS erreichbare Genauigkeit in der Regel nicht erforderlich, da die Genauigkeit der Kartendarstellung deutlich schlechter ist.

Updates

Die technische Entwicklung schnellt rasant voran. Keine Angst, das Gerät könnte zum Kauf schon wieder veraltet sein. Nein, die Software im Gerät und für die Planung am PC wird von Garmin kostenlos auf dem neuestem Stand gehalten.

Auf www.garmin.de>Extras>Downloads findet man den „Gerätesoftware/Web-Updater". Ein Tool, was auf dem PC installiert werden muss, um bei angeschlossenem GPS-Gerät ohne weiteren Aufwand nach der neuesten Gerätesoftware suchen zu lassen. Der Assistent führt leicht verständlich durch diesen kurzen Vorgang.

Aber auch für die Software am PC ist es hin und wieder sinnvoll, nach einem neuen Update suchen zu lassen. Dafür entweder aus der Software Basecamp heraus über die Menüleiste> Hilfe> „Aktualisierung suchen", oder die neueste Version direkt von der oben genannten Garmin-Downloadseite herunter laden.

Kapitel 2 - Das Gerät

Nachdem Du nun weißt, für welchen Zweck Du den Edge mit Kartendarstellung einsetzen kannst, welche Karten Du evtl. noch brauchst, ob Du Dich gern automatisch zum Ziel navigieren lassen möchtest oder lieber genau die Biketour fahren möchtest, von der Dein Kumpel kürzlich so geschwärmt hat, nachdem Du weißt, welches Positionsformat eingestellt werden kann, und wie Dein Edge auf dem technisch aktuellsten Stand bleibt, kann es ja auch fast schon losgehen!

Gerätestart

Na, dann nimm doch mal das gute Stück aus dem Verkaufskarton, und den Netzstecker mit Kabel gleich dazu. Denn aller Spannung zum Trotz, muss der Edge nun als allererstes vollständig aufgeladen werden, auch wenn man doch nur mal kurz...

Nein, zuerst vollständig aufladen!

Das Aufladen kann allerdings auch über das USB-Kabel am PC geschehen.

Jetzt Buch zur Seite legen und sich anderer Tätigkeit widmen.

Der Edge sollte nach etwa 3 Stunden voll aufgeladen sein und zeigt eine grüne Batterie im Display, wenn er ausgeschaltet ist. Da er sich während des Ladevorgangs per Netzstrom sicher eingeschaltet hat, drücke zum Ausschalten 3 Sekunden die Powertaste, um zur Akkustandanzeige zu gelangen. Trenne dann den Edge vom Stromnetz.

Die Tasten und ihre Bedeutung

Die Ein- und Ausschaltfunktion durch den 3-sekündigen Druck auf die Powertaste (Geräteseite, links oben) hast Du nun also bereits kennengelernt. Schalte das Gerät ein und befolge die Anweisungen auf dem Display zur Einstellung der grundlegendsten Dinge, wie Sprache, Zeit und Zubehör. Anschließend erfolgt automatisch die Suche nach den GPS-Satellitensignalen. Für den Gerätestart ist bestmöglicher Empfang wichtig. Für das folgende Kennenlernen des Gerätes natürlich eher weniger.

Zum Einschalten des Edge´s ist es daher immer sinnvoll, sich auf eine Freifläche mit ungehindertem Blick zum Himmel zu begeben. Ist die Suche erfolgreich beendet, blendet der Edge die „orte Satelliten"-Seite aus. Wird gar kein Signal gefunden, erscheint eine Frage-Meldung im Display, wie weiter verfahren werden soll, wobei man mit dem thumb stick („Daumen"-Pin) die entsprechende Aufgabe anvisiert und durch einen Druck auf den thumb stick bestätigt.

Ist das soweit geschehen, drücke nun noch einmal die Powertaste, **jedoch nur kurz**! Du gelangst zur Batteriestand- und Zubehör-Anzeige mit Datum, Uhrzeit und Schnellzugriff auf die Displaybeleuchtung.

Mit einem weiteren Druck auf Power kannst Du die Helligkeit sprungweise auf „aus", „mittel" oder „ganz hell" stellen, was für das Arbeiten/Trainieren in Räumen ganz nützlich ist. Mit dem thumb stick lässt sich die Beleuchtung in feinerer Abstufung vornehmen. Diese Einstellung bleibt auch nach dem erneuten Einschalten des Gerätes bestehen.

Im Freien wird man allerdings die Beleuchtung kaum benötigen bzw. auch gar nicht wahrnehmen, da das Display die Reflektion des Tageslichtes für ein kontraststarkes „Ausleuchten" bestens ausnutzt.

Abbildung 2-1
Powertaste:SchnellzugriffBeleuchtung einstellen

Wird keine Taste betätigt, blendet sich diese Ansicht, nach 10sec selbstständig aus.

Die Mode-Taste (Geräteseite, links unten) wäre die andere Möglichkeit, diese Ansicht wieder zu verlassen. Es ist also die „Exit"-Taste, mit der man eine Ansicht, aufgerufene Menüs oder Aktionen wieder verlässt.

Es ist aber auch die Taste, mit der man während der Fahrt in der Seitenfolge von Karte auf Fahrradcomputer und Höhenprofil umblättert.

So will es die Grundeinstellung der Seitenfolge. In der Praxis ist jedoch diese „Durchschalterei", dem Ein oder Anderen zu aufwendig. Deshalb kann man die Höhenprofilansicht abschalten, denn das aktuell aufzeichnende Höhenprofil interessiert während der Tour meistens eher nicht (Menu> Einstellungen> System> „nur Karte").

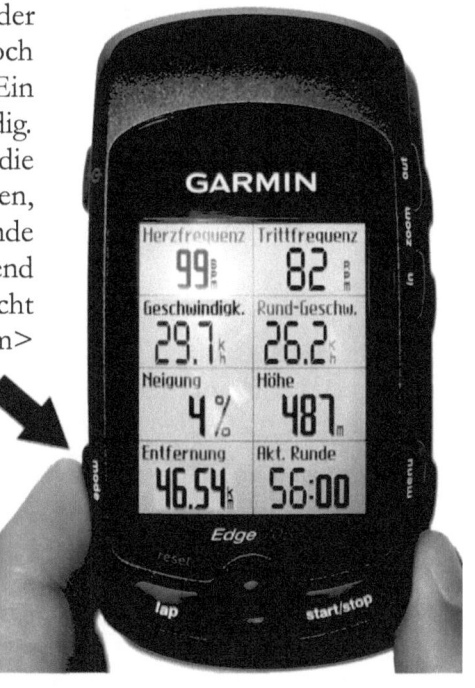

Die relevanten Höhendaten und Neigung kann man sich in einen der vielen Datenfelder der Fahrrad-computer-Ansicht einrichten. Für die Betrachtung der aufgezeichneten Höhe, eignet sich die Auswertung am PC, nach der Tour, viel besser.

Abbildung 2-2 Mode-Taste zum Umblättern, Info´s während der Fahrt

Mit den „in" und „out"-Zoomtasten auf der rechten oberen Seite des Gerätes kann man, wie es der Name schon verrät, in der Karten- und Höhenprofilansicht rein- und rauszoomen, sowie in langen Menülisten seitenweise blättern.

Auf der Oberseite, unterhalb des Display´s vom Edge, befinden sich die „start/stop"-Taste zum Starten und Beenden einer jeden Aufzeichnung, sowie die „Lap"-(Rundenzeit) Taste, zum Unterteilen der Aufzeichnung, um also während einer Tour die Fahrtzeit beliebiger Teilstrecken zu messen. Die Lap-Taste lang gedrückt, dient dem Abnullen der Datenfeldseite.

Nach Ende oder vor Beginn einer jeden Biketour, wird in der Fahrradcomputer-Ansicht die Lap-Taste so lange gedrückt gehalten, bis die Werte der Datenfelder auf Null zurückgesetzt wurden.

Mit Beginn einer jeden Biketour wird kurz die Start-Taste betätigt, um die Aufzeichnung zu starten und somit auch korrekte Werte auf den Fahrradcomputer-Seiten angezeigt zu bekommen. Denn die meisten Werte können nur bei aktivierter Aufzeichnung erfasst bzw. berechnet werden.

Der thumb stick (Daumenpin/Eingabetaste), in der Mitte zwischen den beiden, zu letzt genannten Tasten, dient:

- in der Fahrradcomputer-Ansicht, dem Umschalten auf die 2.Seite (denn man hat 2 Seiten, die man sich mit jeweils bis zu 8 Datenfeldern einrichten kann);

- in der Kartenansicht, dem Verschieben der Karte, um sich im Gelände zu orientieren oder einen Zielpunkt für die Routennavigation zu suchen;

- in der Höhenprofilansicht, dem Ändern des Maßstabes der Profildarstellung (nach oben/unten für Höhe; nach rechts/links für Entfernung) und

- in allen möglichen Menü´s und Auswahl-Listen, dem Anvisieren der Auswahl und durch Druck auf diesen Stick dem Bestätigen der getroffenen Auswahl.

Nähern wir uns nun der aufgabenstärksten Taste, hinter der sich eine wahre Explosion an Auswahlmöglichkeiten verbirgt: die Menu-Taste(Geräteseite, rechts unten). Hier findet man das Hauptmenü, also alles, was zum Einstellen des Edge´s und Aufrufen von Funktionen nötig ist.

Tastenübersicht und Tastenkombinationen

power (Seite, links oben) - Druck lang, 3sec. - Druck kurz	= Ein- / ausschalten = Licht- u. Zubehöranzeige; = Licht stufenweise einstellen, mit thumb stick fein einstellen
mode (Seite, links unten) - Druck kurz - Druck lang	= Durchblättern der Seitenfolge während der Fahrt; = Zurückgehen zu voheriger Seite/ rausgehen aus aufgerufenem Menü; = Schnellwechsel des Fahrradprofils
reset/lap-Taste (Draufsicht, links unten) - Druck kurz - Druck lang	 = Erstellt eine neue Runde/ Teilstrecke bei laufender Stoppuhr = Zurücksetzen der Fahrdaten / Abnullen vor neuer Tour(nur bei angehaltener Stoppuhr)
thumb stick (Draufsicht, Mitte unten) - bewegen oben+unten - bewegen rechts+links oben+unten - senkrechter Druck	Eingabetaste = Umblättern der Fahrradcomputer- Seiten und wenn aktiviert: Strecken-Seiten, in Menülisten zeilenweise bewegen, =Zeiger fürGeländeinforma- tionen in der Kartenansicht, Karte verschieben, im Höhenprofil zum Ändern des Maßstabes, = angewählte Aktion aufrufen und bestätigen

start/stop-Taste (Draufsicht, rechts unten)	= An- und Ausschalten der Stoppuhr=der Aufzeichnung
menu (Seite, rechts unten) - Druck kurz - Druck lang	= Aufrufen des Hauptmenüs für Navigation und alle Einstellungen = Sperren der Tasten
in/out (Seite, rechts oben) - Druck kurz	Zoomtasten = Verändern des Maßstabes der Karte und des Höhenprofil´s = seitenweise blättern in Menülisten

Tastenkombination zur Problembehebung

mode + lap/reset - gedrückt halten, bis Edge reagiert	= Softreset wenn der Edge nicht mehr reagiert, beide Tasten gleichzeitig drücken, die Benutzerdaten bleiben dabei gespeichert.
mode + power -gleichzeitig gedrückt halten, bis Meldung im Display erscheint	= Hardreset der Edge wird in den Auslie- ferungszustand zurückgesetzt, alle Benutzerdaten und –Einstellungen gehen verloren (mit „ja"bestätigen)

Notwendige Einstellungen

Der Edge ist eigentlich schon bestens für die Bedürfnisse des Fahrradfahrers voreingestellt (auch die Kartenanzeige ist vom Werk aus, in Fahrtrichtung ausgerichtet). Nach dem 1.Gerätestart wurden sogar bereits benutzerdefinierte Grundeinstellungen ergänzt. Im Prinzip könnte man das Gerät schon am Lenker fixieren und mit dem Betätigen der Start-Taste loslegen.

Sollte jedoch bis hierher etwas nicht geklappt haben, sind nun noch einmal die notwendigsten Einstellungen und später die sinnvollsten Einstellungen aufgeführt:

Systemeinstellungen

Betätige die Menü-Taste auf der rechten Seite am Edge, unten.

Navigiere im erscheinenden Hauptmenü mit dem thumb stick auf die Zeile „Einstellungen" und bestätige die Auswahl mit einem senkrechten Druck auf den Stick. Im jetzt angekommenen Einstellungsmenü, tippst Du mit dem Stick nach unten, bis auf die Zeile „System" und bestätigst ebenfalls mit einem senkrechten Druck.

Abbildung 2-3
Hauptmenü

Es öffnet sich das Systemmenü, indem man

- den GPS-Modus wählen kann (der Edge befindet sich nach dem Einschalten sofort im „normalen" GPS-Modus, es wird sofort nach GPS-Signalen gesucht. Trainiert man mit dem Edge im Raum z.B. auf der Rolle, oder möchte nun erst einmal einiges am Edge einstellen, ist es sinnvoll, das „GPS aus" zu schalten / im „Vorführmodus" können einige Navigationsaufgaben ohne GPS-Empfang simuliert werden);

- die Textsprache auswählt;

- die Töne für Tastendruck und Meldungen aktiviert;

- die Seitenfolge für die „Mode"-Tastenbelegung einstellt („nur Karte" bedeutet, dass mit der Mode-Taste nur zwischen der Fahrradcomputeransicht und der Karte hin- und her geblättert werden kann. Die Höhenmesserseite ist somit ausgeblendet/ mit „Karte & Höhenmesser" ist diese wieder sichtbar- siehe Abb.2-3);

- sich letztendlich auch über die Aktualität des Systems, informiert.

Zum Verändern navigierst Du mit dem thumb stick in die betreffende Zeile. Mit einem senkrechten Druck den Stick, öffnet sich das Auswahl-Menü, navigiere zu Deiner Auswahl und bestätige diese durch einen erneuten senkrechten Druck auf den Stick. Ist alles nach Deinen Wünschen eingestellt, verlässt Du mit „Mode" die Systemeinstellungen.

Zurück im Einstellungs-Menü, nehmen wir uns gleich die nächste Zeile vor:

Karte.

Mit dem Druck auf den thumb stick öffnet sich das Karten-Einstellungsmenü:

- für die Detailintensität (z.B. zoomt man in der Kartenansicht für einen Gesamtüberblick hinaus, nehmen die Ortsnamen so extrem zu, dass man keine Karte mehr sieht, sondern nur noch Ortsnamen an Ortsnamen. Dazu ist es sinnvoll, hier den Detailgrad zu verringern, auf „normal" oder sogar „weniger";

- für die Einstellung, die wohl jedem Fahrradfahrer am Herzen liegt: die Ausrichtung „in Fahrtrichtung" / um sich im Stand auf der Karte orientieren zu können, kann es hin und wieder hilfreich sein, die Karte hier auf „Norden oben" umzustellen;

- um den automatischen Zoom „aus"- zuschalten (z.B. ist eine Navigation aktiviert, blendet sich der Abbiegehinweis ein. Ist die Abbiegung passiert, verschwindet dieser Abbiegehinweis und die nun wieder erscheinende Kartenansicht taucht allerdings im automatischen Zoom-Maßstab mit 200m auf, was am Fahrrad kaum gewünscht ist);

- um den Positionspfeil auf Straßen zeigen zu lassen. Diese Einstellung ist je nach Einsatzart auszutesten (z.B. auf dem Rennrad kann „an" ganz sinnvoll sein, da sich der Positionspfeil auf die erkannte Straße zentriert und auch die Aufzeichnung trotz geringen Satelliteneinflüssen auf der Straße bleibt. Im Gelände auf dem MTB eher „aus" –schalten, da es mit den erkannten Wegen nicht gut klappt und die Aufzeichnung schnell mal auf Wege springt, die leicht parallel versetzt zur wahren Tour verlaufen, die man aber gar nicht gefahren ist);

- für die Karteninformation. In dem großen Feld ganz unten sieht man, welche „Land"-Karte sich im Edge befindet. Ist die Basiskarte die Einzige, bleibt der Kasten leer. Wurden bereits Kartendaten an das Gerät gesendet oder steckt eine vorprogrammierte Micro-SD Karte im Kartenslot (an der Unterseite des Gerätes), wird diese hier angezeigt und mit einem Häkchen vor dem Namen kann diese aktiviert/ durch Häkchen entfernen: deaktiviert werden. Bitte dies gleich überprüfen, bevor man in der Kartenansicht vergeblich die detaillierte Karten- darstellung sucht und

Abbildung 2-4
Menu>Einstellungen>Karte

wieder nur die wenigen Hauptstraßen der Basiskarte findet! Befinden sich mehrere verschiedene Garmin-Karten, z.B. Straßenkarte u. Topokarte, im Gerät, kann man mit dem thumb stick in den unteren Kasten navigieren, und erst dann durch ein weiteres nach unten Tippen, die weiteren Kartennamen lesen);

Durch einen kurzen Druck auf die Taste „Mode" gelangen wir wieder zurück, ins Einstellungsmenü und navigieren mit dem thumb stick in die Zeile

<u>Einheiten</u>

Bestätige die Auswahl mit Druck auf den Stick! Im sich darauf öffnenden Einheiten-Menü, kann nun

- das Positionsformat geändert werden. Für die Verständigung bei Notfällen ist das „UTM/UPS"-Format das Sicherste (Auswahl öffnen, fast ganz unten in der Auswahlliste), gern wird sich aber auch für eins der anschaulichen Formate: in Grad „hddd°mm.mmm" (eins der obersten 3 in der Auswahl-Liste) entschieden. Beide Formate arbeiten mit dem im Edge fest eingestellten Koordinatensystem WGS84 richtig (siehe Kapitel 1 / Koordinatensystem).

Abbildung 2-5 Einheiten Einstellungen

- die Entfernung und Höhe in metrische Werte angepasst;

- sowie die Anzeige der Werte für Herzfrequenz und Leistung in der gewünschten Darstellung ausgewählt werden.

Sind hier alle Einstellungen getroffen, verlässt Du wieder mit „Mode", das Einheiten-Menü. Mit der gleich darunter liegenden Zeile

Zeit

hat man im, sich daraufhin öffnenden, Zeiteinstellungsmenü die Möglichkeit

- das Zeitformat in den 24h-Rhythmus umzustellen;

- die Zeitzone auszuwählen, sollte durch den 1.Gerätestart bereits geschehen sein (Deutschland= „Europe – Cen") ;

- die Sommerzeit mit „automatisch" zu aktivieren.

Zurück mit „Mode" im Einstellungs-Menü, überspringen wir die „Datenaufzeichnung", die vorerst einmal korrekt eingestellt ist und wählen mit dem thumb stick das Untermenü

ANT+Sport (nicht bei Edge 605)

aus. In der erscheinenden Anzeige findet man einerseits

- den Zugang zur drahtlosen Übertragung von Gerät zu Gerät sollte man unterwegs den Kumpel treffen, der einem doch gerade einen super Trail empfehlen möchte, den er in seinem Garmin-Gerät gespeichert hat;

- und andererseits das Untermenü für die Aktivierung von sämtlichem Zubehör.

Wurden beim ersten Gerätestart alle Zubehörteile richtig aktiviert? Falls nicht, kann hier noch einmal falsch aktiviertes oder deaktiviertes Zubehör richtig gestellt werden. Das aktivierte Zubehör wird beim ersten Benutzen automatisch erkannt, man muss nichts weiter tun. Es ist aber auch darauf zu achten, dass sich beim erstmaligen Gebrauch auch nur jeweils ein Garmin-Zubehör in der Nähe befindet, also nur ein z.B. Pulsmesser, ein Trittfrequenzmesser... etc. zur Synchronisation bereit steht. Denn in einer Trainingsgruppe mit mehreren Garmin-Geräten ist es sinnlos den eigenen Pulsgurt ermitteln zu lassen. Sollten doch mehrere Pulsmesser gefunden worden sein, tippt man zuerst in die Zeile „Puls vorhanden?" und wählt „nein". Dann unbedingt viel Abstand zu weiteren Sensoren einnehmen (mind.50m bei freier

Sicht). Darauf wieder „ja" wählen und den Pulsmesser „neu suchen" lassen.

Sinnvolle Einstellungen

Trainiert man auf mehreren Bikes, hat man mit dem Edge705 die Möglichkeit bis zu 3 verschiedene <u>Fahrradprofile</u> einzurichten, die man jeweils mit einem anderen Trittfrequenzsensor koppeln kann. Also gerade recht für MTB, Rennrad und das Trainingsrad auf der Rolle.

Zum Einrichten allerdings unbedingt aufpassen, dass sich das 1. Rad mit dem bereits gekoppelten Sensor im 1.Fahrradprofil nicht mehr in Reichweite befindet (wie z.B. im gleichen Raum oder in unmittelbarer Nähe). Durch einen gehaltenen Druck auf „Mode" erscheint das Schnellwechselmenü für die Fahrradprofile. Wähle darin ein neues Fahrradprofil aus und merke Dir auch dazu, wie es heißt. Bestätige Deine Auswahl mit dem senkrechten Druck auf den thumb stick, und bewege anschließend die Tretkurbel des Bikes mit dem neuen Trittfrequenzsensor für das 2. Fahrradprofil. Nach wenigen Umdrehungen sollte auch dieser automatisch erkannt werden. Ist das nicht der Fall, siehe Kapitel Fehlersuche.

Nun ist bereits das neue Fahrradprofil aktiviert. Damit man es in der Schnellauswahl auch klar identifizieren kann, ist es ganz sinnvoll, dem Fahrradprofil einen klaren Namen zuzuweisen. Gehe dazu mit Menu> Einstellungen> zu „Profile und Bereiche". Tippe mit dem thumb stick auf den Unterpunkt „Fahrradprofil".

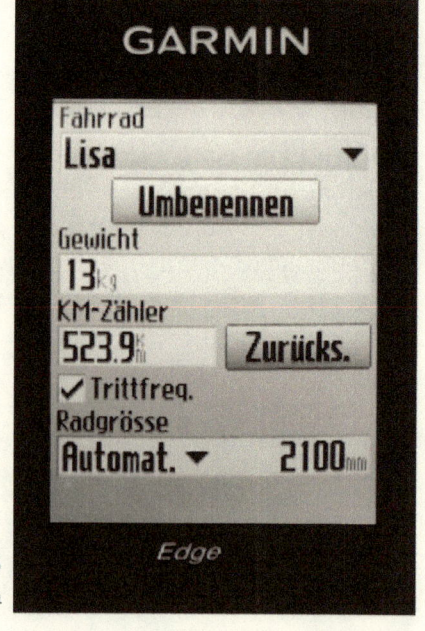

Abbildung 2-6
Fahrradprofil Einstellungen

Hier kann nun ein beliebiger Name eingetragen und alle weiteren Daten zu diesem Fahrrad ergänzt werden. Dem hier vorhandenen Kilometerzähler sollte man allerdings nicht als vollends vertrauen. Denn schnell kann dieser Wert durch ein neueres Geräteupdate automatisch auf Null gesetzt werden. Für die gesamten Trainingskilometer sollten doch besser regelmäßig, die Trainingsaufzeichnungen zum PC, ins TrainingsCenter übermittelt werden und dort für die Ewigkeit abgespeichert werden. Dazu jedoch später, im Kapitel5 -Auswertung am PC-, mehr.

Mit „Mode" kehren wir ins

<u>Profile und Bereiche</u> - Einstellungsmenü zurück. Im Benutzerprofil kannst Du Deine Personendaten (für die doch recht theoretische Kalorienberechnung) eingeben, alle weiteren Optionen, wie Tempo- und Pulsbereiche lassen sich besser am PC in der TrainingsCenter Software eintippen (Menüleiste>Benutzer>"Profil für…" anklicken) und werden beim Datenaustausch vom Edge zum PC (Daten von Gerät empfangen> „Benutzerprofil im diesem Programm beibehalten") dem Edge übermittelt.

Im Gerät einen Schritt mit Mode wieder raus, befinden wir uns im Einstellungsmenü, wo nun nur noch wenige Punkte ungeklärt sind. Das ist zum einen die

<u>Datenaufzeichnung</u>, bei der man mit der „intelligenten Aufzeichnung" die Brotkrumen der Trackaufzeichnung in den Kurven enger und auf Geraden weiter verteilt, und somit das beste Mittelmaß zwischen Aufzeichnungsgenauigkeit und Speicherkapazität ausgewählt hat.

Die „<u>Zero Averaging</u>" -Funktion ermöglicht das Ein- oder Ausschließen von Nullwerten (wenn also nicht getreten wird) in die durchschnittliche Trittfrequenz- und Leistungsmessung. Ist die Einstellung „aus" gewählt, wird das Nicht-Treten in der Berechnung der Durchschnittswerte nicht berücksichtigt. z.B. der Trittfrequenzdurchschnitt wird also aus der Durchschnittsfrequenz nur der getretenen Kurbelumdrehungen auf die Gesamtfahrtzeit berechnet. Das Dahinrollen wird ausgelassen. Genauso verhält es sich mit dem Leistungswert. Ein separates An- oder Abschalten ist allerdings nicht möglich. Auf Deutsch: diese Funktion wird wohl nur den leistungsorientierten Biker interessieren.

Im Einstellungsmenü, ein paar Zeilen nach oben, finden wir noch das Menü für die Einstellung der Anzeige.

- als Beleuchtungsdauer kann hier eingestellt werden, wie lange das Display nach einem Tastendruck leuchtet;

- in welcher Helligkeit das Display leuchtet;

- ob sich das Display an Tag- oder Nachtsituationen anpassen soll (Einstellung „Tag" bevorzugen) und

- in welcher Farbe der Display-Hintergrund erscheinen soll.

Zurück im Einstellungsmenü weiter nach oben, im Menü Routing, stehen die Einstellungen bereit, die es unbedingt gilt richtig auszuwählen, bevor man im Edge eine Route zu einem Zielpunkt startet. Denn je nach Auswahl

- der Fortbewegungsmethode (Fußgänger, Fahrrad, Auto);

- der Führungsmethode (Straße (kürzere Zeit oder kürz. Strecke), Luftlinie, oder immer erst mal nachfragen);

- der Veränderbarkeit der aktiven Route (wenn man sich von der vorgeschlagenen Route wegbewegt, berechnet der Edge mit „automatisch" sofort eine neue Route, mit „aus" lässt er die Route unverändert oder mit „bestätigen" fragt er, was er machen soll) ;

- der Vermeidungen

führt die automatische Wegberechnung jeweils anders zum Ziel. Verwendet man den Edge also nicht nur am Bike, sondern auch mal im Auto, wird man dieses Menü des Öfteren aufrufen und Einstellungen ändern.

Zurück im Einstellungsmenü bleibt nun nur noch ein Punkt einzustellen: die Datenfelder. Durch Klick auf diese Zeile öffnet sich ein weiteres Untermenü, in dem man erahnen kann, wie viele Seiten Dir nun die Möglichkeit bieten, Deinen Edge genau auf Deine Vorlieben anzupassen und in ihrem Inhalt, sorgfältig aus einer großen Liste ausgewählt zu werden. Deshalb sollte es der letzte Punkt sein, dem Du Dich nun hingebungsvoll widmen kannst. Zur Bedeutung:

- Fahrradcomputer 1 und 2: sind die 2 Seiten der „Mode"-Seitenfolge, auf denen man sich jeweils bis zu 8 Datenfelder einrichten kann. Wie genau, verrät die Mitteilung auf dem Display;

- Karte: auch in der Kartenansicht der „Mode"-Seitenfolge kann man sich bis zu 4 Datenfelder einblenden, dementsprechend klein wird also die Kartenansicht (2 können durchaus von Vorteil sein);

- Trainingsarten: eine weitere Seite, die in der „Mode"-Seitenfolge auftaucht, sobald eine Trainingsart/ein zu absolvierendes Trainingsprogramm, wie z.B. Intervalltraining (Menu > Training > Trainingsarten> z.B.Ausdauer... usw.) aufgerufen und zum Abfahren mit „start" gestartet wurde. Während dieser vorprogrammierten Trainingseinheit sind die spezifischen Informationen zur z.B. Restzeit/Restdauer, Infos zur nächsten Intervallstufe sehr hilfreich, die man sich auf dieser Seite anpassen kann, ohne eben die Datenfelder der Fahrradcomputerseiten für die allgemeinen Biketouren, verändern zu müssen.

- Strecken: eine weitere Seite, die in der „Mode"-Seitenfolge auftaucht, sobald eine Trainingsstrecke (Menu>Training>Strecken>"Musterstrecke") aufgerufen und zum Abfahren mit „Start" gestartet wurde. Diese Strecken- oder auch Kursseite beinhaltet allerdings noch weitere Unterseiten, die wiederum mit dem thumb stick durchgeblättert werden. Das Verwenden von Trainingsstrecken und dem damit verknüpften virtuellen Trainingspartner hält also eine Vielzahl weiterer Funktionen und Herausforderungen für den leistungsorientierten Biker bereit.

Für die Datenfelder stehen beim Edge705/ *605 folgende Werte zur Auswahl:

Abstieg gesamt	Peilung*
Ankunft am nächsten Ziel, ca.*	Power Mov Avg 30s (Zero Average)
Ankunft am Ziel, ca.*	Power Mov Avg 3c
Aufstieg gesamt	Richtung*
Entfernung*	Runden*
Entfernung bis nächster*	Runden-Distanz*
Entfernung zum Ziel*	Runden-Puls
GPS-Genauigkeit*	Runden-Geschwindigkeit
Geschwindigkeit*	Rundenzeit*
Geschwindikeit letzte Runde*	Sonnenaufgang*
Herzfrequenz,	Sonnenuntergang*
Herzfrequenzbereich,	Tempobereich*
Höchstgeschwindigkeit*	Trittfrequenz
Höhe*	Trittfrequenz Runde
Kalorien*	Uhrzeit*
Leistung	verbleib.Zeit zum Ziel*
Leistung-Runde	Wegpunkt am Ziel*
Leistungsbereich	Wegpunkt am nächsten*
Leistung-Kilojoule	Zeit*
Leistung-Max.	Zeit bis nächster*
Letzte Rd.Distanz	Ø-Geschwindigkeit*
Letzte Rundenzeit	Ø-Leistung
Leistung- letzte Runde Max.	Ø-Puls
Neigung*	Ø-Rundenzeit*
Pause-Distanz*	Ø-Trittfrequenz
Pausen-Zeit*	

Nicht unter Einstellungen zu finden, sondern gleich im Hauptmenü, in der Kategorie „Training" liegen die Einstellungsoptionen für den sportlichen Umgang mit dem Edge. Allerdings dürfte die erste Option,

- die Autopause , wohl jeden interessieren. Denn in den meisten Fällen möchte man doch nur die reine Fahrtzeit stoppen und aufzeichnen. Also Autopause auf „wenn angehalten" stellen oder nach eigener Geschwindigkeitsvorgabe definieren.

Etwas trainigsspezifischer sind hier die Voreinstellungen

- zur Autorunde:, die sich wohl nur der Sportbiker einstellen wird, wenn nach bestimmten Distanzen die Gesamtstoppzeit automatisch in eine neue Teilstrecke/Runde unterteilt werden soll.

- zu allmöglichen Alarmen: nach Zeit/Distanz, Geschwindigkeit, Herz- und Trittfrequenz;

- zum dem virtuellen Trainingspartner: „an" oder „aus" und

- zu den Trainingsarten: bestimmte Trainingseinheiten, die man im genauen Rhythmus absolvieren möchte,

zu finden.

Hinter dem Eintrag „Strecken" verbirgt sich der Streckenmanager, in dem die Trainingsstrecken liegen, die dem Vergleich des eigenen Fitness- / Trainingsstandes dienen und mittels virtuellem Trainingspartner für (nicht hörbare) Wettkampfstimmung auf der Hausrunde sorgen.

Beachtenswert ist auch die Funktion „Position speichern" gleich im Hauptmenü zu finden. Hat man unterwegs einen markanten Punkt entdeckt, kann man hiermit ganz flink, während der Fahrt 2x den Eingabestick betätigen und der markierte Ort ist mit einer durchlaufenden Nummerierung erst einmal festgehalten. Hat man mehr Zeit, kann man diesen Punkt dann im Menü> Zieleingabe> Suchen> Favoriten> Favoriten wiederfinden, anklicken und umbenennen (hier liegt also sozusagen der Wegpunktspeicher/-Manager).

Kapitel 3 - Navigation

Der Edge bietet wohl das breiteste Spektrum an unterschiedlichen Navigationsarten aller GPS-Geräte, wobei Einem da der Überblick schon einmal verloren gehen kann.

Nur dann, wenn Du mit der Navigation arbeitest, die für Dich bestimmt ist, wirst Du mit dem Edge so richtig glücklich werden. Wählst Du die Falsche, kannst Du Dich über die idiotische Arbeitsweise des Edges so ärgern, dass Du meinst, einen totalen Fehlgriff mit dem Gerät, getan zu haben.

Damit Du die richtige Navigation für Dein Fahrverhalten herausfindest, lass Dir einmal folgende Fragen durch den Kopf gehen und entscheide, was für Dich am meisten zutrifft:

Welcher Navigationstyp bin ich?

1. Ich möchte eine Tour fahren, wo Start und Endpunkt identisch sind. Ich möchte sie so fahren, wie ich sie mir vorstelle, nicht anders. Ich habe meine Tour in der Karte ausgesucht oder so ungefähr im Kopf, ich kann mir jedoch nicht alle Abbiegungen merken. Ich will die Tour fahren, von der ich gehört, in einem Buch gelesen oder im Tourenportal im Internet gefunden oder erstellt habe. Ich will/muss vorher wissen, wie lang die Tour ist und welche Menge an Höhenmetern auf mich zukommt. Ich habe Spaß, Touren in der Karte zu planen und auszuarbeiten. Am Tag der Tour möchte ich mich nicht mit dem GPS-Gerät beschäftigen müssen, da möchte ich biken und von meinen Vorbereitungen am PC profitieren.

➜ Dann ist die <u>Track-Navigation</u> für Dich das Richtige.

oder

2. Ich trainiere mehr oder weniger nach Plan. Meine Fahrtzeiten und Fitnesswerte interessieren mich/ sind mir sehr wichtig. Ich fahre bestimmte Trainingsrunden immer wieder. Dabei möchte ich mich anhand meiner alten Zeiten orientieren.

➜ Dann wird die <u>Strecken-Navigation</u> diejenige sein, die Dich am meisten begeistern wird.

oder

3. Ich habe keine Zeit für Vorbereitungen. Ich bike spontan drauf los und entscheide erst zu Beginn der Tour wo es hin geht oder unterwegs, wie es weiter geht. Ich möchte also erst vor Ort das nächste Ziel im Edge auswählen, wohin ich auf dem schnellsten oder kürzesten Weg geführt werden möchte. Ob ich evtl. einen besseren Weg kennen würde, ist zweitrangig oder ganz egal. Ich habe den Edge, damit er mir die Planung des Weges abnimmt.

➔ Dann ist die <u>Routen-Navigation</u> die Art, Deiner Edge-Nutzung.

Es ist natürlich nicht die Entscheidung für´s Leben. Mit dem Edge kannst Du alle Navigationsarten nutzen, wann immer Du wie, mit dem Edge unterwegs bist. Jedoch solltest Du eben nicht gerade in Eurer „Kennenlern"-Phase alles auf einmal versuchen.

Lass´ Dir Zeit und springe nun zu dem Teil, der Anfangs zu Dir am besten passt:

Tracknavigation

= die „Brotkrumenspur" (Track), die man mit einem GPS-Gerät aufgezeichnet hat und ein anderes Mal wieder verfolgen möchte. – Es ist auch die, zu Hause am PC, vorbereitete Tour, die im Gerät nicht verändert werden kann.

Die Navigation mittels Track eignet sich vor allem dann, wenn Start- und Zielpunkt identisch sind, was eine Biketour meist so an sich hat. Die Datei muss im GPX-Format vorliegen und ist im Edge unter Menu>Zieleingabe>Gespeich.Strecken zu finden.

Es ist wahrscheinlich einer der häufigsten Gründe, warum man sich überhaupt ein GPS-Gerät anschafft:

Im Internet kursieren inzwischen unendliche, von anderen bereits aufgezeichnete Tracks zum kostenlosen (manchmal auch: kostenpflichtigen) Download. Dazu noch eine verlockende Tourbeschreibung und: „Ja! – das ist genau das Richtige für mich. Die Tour muss ich auch unbedingt kennen lernen."

Ohne umfangreiches Karten studieren und Weg erkundschaften, lädt man sich diese Tour in den Edge, lässt sich diese Tracklinie in einer gewünschten Farbe im Display anzeigen und schon kann es losgehen, in einer Gegend, wo man zuvor noch nie war und trotzdem weiß, wo es lang geht. Das ist Freizeitvergnügen pur.

Du hast Dich also für eine Tour aus einem Internetportal entschieden. Auch wenn der Download kostenlos ist, kann es sein, dass man sich wenigstens registrieren muss, um zum Download der GPS-Datei zu gelangen.

Bei professionellen Tourenportalen, wie www.gpsies.com hat man zwar die Möglichkeit den Track direkt an das Gerät zu senden, wozu Dein PC ein kleines Tool (Plug-in) benötigt, um die Kommunikation zwischen Portal und Edge bilden zu können. Dieses „Plug-in" wird automatisch installiert, sobald Du dies in der auftauchenden Warnmeldung zulässt.

Sinnvoller und sicherer ist es jedoch, alle Sachen aus dem Internet, zuerst auf dem eigenen Rechner abzuspeichern. So behält man einen besseren Überblick und sowieso sollte man sich den herunter geladenen Track immer erst einmal am PC ansehen, bevor man diesen an das Gerät sendet. So kann man z.B. noch vorhandene Verfahrwege herauslöschen oder findet selber noch eine kleine Verbesserung, wie man diese Tour lieber fahren möchte.

Hast Du schließlich den Track so, wie er sein soll, speicherst Du ihn wieder als GPX-Datei ab und kopierst ihn in den Gerätespeicher wie folgt:

Daten ohne GPS-Software vom PC zum Edge senden

Edge im ausgeschalteten Zustand per USB-Kabel an den PC anstecken und warten, bis dieses „externe Laufwerk" automatisch erkannt wird.

Es sollte sich der Windows-Explorer mit diesem erkannten Laufwerk automatisch öffnen. Wenn Du nicht den Eindruck hast, dass Dein PC arbeitet, öffne über „Start" >"Arbeitsplatz" durch einen linken Doppel-Mouseklick darauf, das entsprechende Laufwerk.

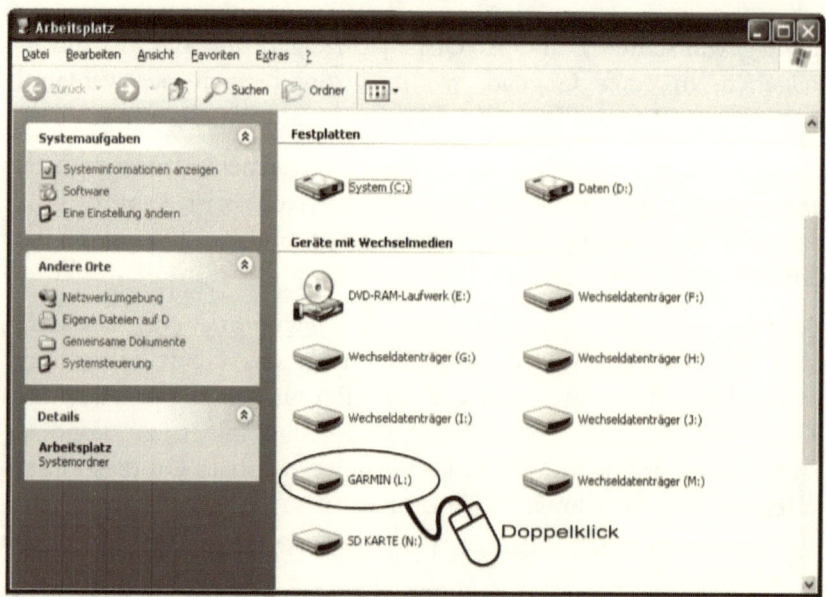

Abbildung 3-1 Windows-Explorer: PC Arbeitsplatz

Der Edge-Gerätespeicher wird mit dem Laufwerknamen „GARMIN" bezeichnet. Befindet sich eine vorprogrammierte Garmin Micro-SD Karte im Gerät, werden zwei „GARMIN" - Laufwerke angezeigt. Befindet sich eine freie Micro-SD Karte im Gerät, wird entweder „SD-KARTE" oder ähnliches angezeigt.

Mit dem Doppelklick auf das Laufwerk mit der „GARMIN"-Bezeichnung befinden wir uns also nun im Gerätspeicher des Edge´s. Auch daran zu erkennen, dass hier viele einzelne Dateien und weitere Unterordner, wie der „History"-Ordner, der „Profile"-Ordner, der „GPX"-Ordner und evtl. der „Courses"-Ordner liegen.

➔ **Achtung - Gerätedaten sichern:** An dieser Stelle sei gleich einmal erwähnt, dass hier, in diesem „Garmin"-Ordner, zum Teil sehr wichtige Edge-Systemdateien liegen, die nicht schreibgeschützt sind, also auch aus Versehen gelöscht werden können. Daher ist es ganz hilfreich, diesen gesamten „Garmin"-Ordner gleich einmal zur Sicherheit auf eine externe Festplatte oder sonstiges Speichermedium für die Ewigkeit abzuspeichern (siehe auch Kap.4-Sicherungsdatei anlegen).

Man kann zwar den Auslieferungszustand auch durch einen „Hardreset" (siehe Tastenübersicht-Kapitel2) wieder herstellen, jedoch sind dann auch alle persönlichen Einstellungen im Gerät gelöscht und man kann wieder von vorn beginnen. Sollte dann trotzdem das Problem nicht behoben sein, hat man mit dem gesicherten Ordner eventuell eine Chance, verloren gegangenen Dateien einzeln wieder in den Geräte-Speicher zu kopieren. Das zur eindringlichen Info, dass mit den hier liegenden einzelnen Dateien sehr vorsichtig umgegangen werden sollte. Lösche keine Dateien, über dessen Inhalt Du Dirn nicht im Klaren bist! Hingegen die Dateien, die sich in den eben genannten Unterordnern befinden (History, Profile, GPX, Courses), sind Deine eigenen, benutzerdefinierten Aufzeichnungs- und Tour-Daten, die ganz nach Deinem Belieben gelöscht, überschrieben, verschoben und hier abgelegt werden können.

Zurück zum Senden des Tracks:

In dem geöffneten Fenster des Windows-Explorers wird nun die GPX-Trackdatei ganz einfach mit der Mouse durch das Drag-&Drop Kopierverfahren in den Gerätespeicher des Edge´s kopiert. Vorgehen: Das geht am einfachsten, wenn man sich auf der linken Seite des Fensters die Ordnerstruktur des PC´s anzeigen lässt (durch Anklicken des Buttons „Ordner" in der oberen Leiste). Klicke nun in der linken Ordnerliste auf den Namen des Ordners, in dem Du den gespeicherten Track, z.B. aus dem Internet, auf Deiner PC-Festplatte abgelegt hast. Es erscheint im rechten Fensterteil der gesamte Inhalt des links angeklickten Ordners. Du solltest nun also rechts die gespeicherte Track-Datei sehen, mit dem Track, den Du zum Gerät senden möchtest.

In der linken Ordnerliste scrollst Du nun bitte bis zum Arbeitsplatz > GARMIN (Edge-Gerätespeicher) und klickst mit der linken Mousetaste auf das kleine „Plus"-Zeichen vor den „GARMIN"-Buchstaben und dann noch einmal auf das, vor dem „Garmin"-Ordner, bis Du den GPX-Ordner, links in der Liste sehen kannst, wie in der unteren Abbildung.

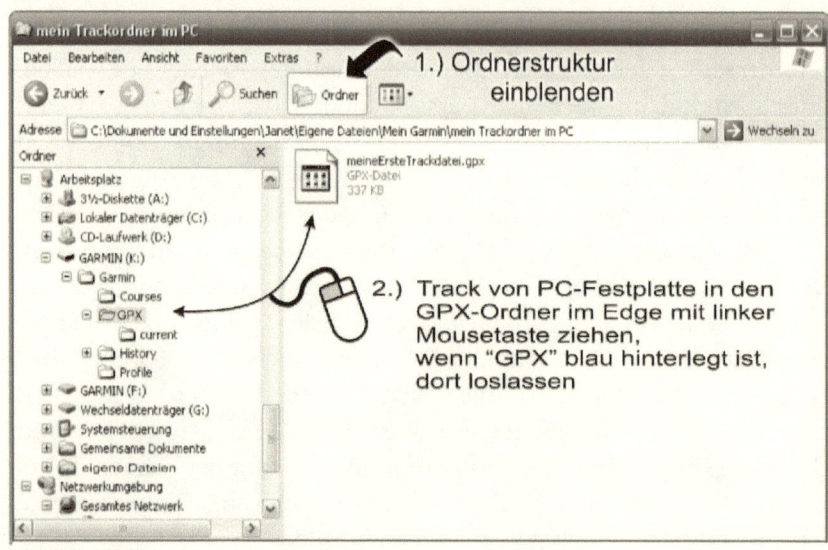

Abbildung 3-2
Track als GPX-Datei in GPX-Ordnerdes Edge-Gerätespeichers kopieren

Klicke nun im rechten Fensterteil den Track (die GPX-Datei) mit der linken Mousetaste an, halte während der gesamten Aktion zusätzlich die „STRG"-Taste gedrückt (Kopieren-Funktion), ziehe mit gehaltener Mousetaste den Track in die linke Liste, genau auf den GPX-Ordner, bis dieser blau hinterlegt ist und lass genau an dieser Stelle los.

Zur Überprüfung klicke nun in der linken Liste auf die Bezeichnung „GPX", dessen Inhalt im rechten Fenster angezeigt wird und Du solltest dort die kopierte GPX-Datei finden.

(Dieselbe Aktion erzielst Du natürlich auch mit der Kopieren- und Einfügen- Funktion aus dem Kontexmenü des rechten Mouseklicks auf die Datei.)

➜ Der Name der GPX-Datei hat nichts mit dem Namen des Tracks zu tun, der im Edge, im Menü „gespeicherte Strecken" angezeigt wird. Denn dort ist der Name des Tracks, der beim Erstellen oder Bearbeiten in der GPS-Software am PC vergeben wurde, zu finden.

Der zur Verfügung stehende <u>Trackspeicherplatz</u> ist beim Edge nicht klar definiert. Da auf den Edge-Gerätespeicher, wie auf ein externes Laufwerk vom PC aus, zugegriffen werden kann, könnte man diesen mit Tracks unendlich vollpacken. Jedoch sollte man bedenken, dass diese Dateien beim Starten des Gerätes alle gelesen werden müssen, was also die Startzeit verlängert. Das wird durch den grünen Balken sichtbar, der beim Starten am unteren Rand des Display´s zu sehen ist. Sind es gar zu viele, kann es sein, dass der Edge gar nicht startet.

Es macht auch einen Unterschied, wie viele Tracks zur Anzeige in der Karte aktiviert sind. Und, ob jede einzelne GPX-Datei einen oder mehrere Tracks enthält.

Auf alle Fälle sollten 20 Tracks, und die Anzeige dieser, noch kein Problem darstellen. Möchte man für den Aufenthalt im Urlaub mehr Tracks in den Edge laden, funktioniert das auch mit der doppelten Anzahl, wobei jedoch bei der Anwahl zum „Anzeigen in Karte" schon wesentlich eher, nach ein paar Mal an- und abwählen, die Fehlermeldung erscheint „Trackspeicher voll". Bis dahin ist man bestimmt schon einige Tracks abgefahren und kann absolvierte Touren aus der „gespeicherte Strecken" –Liste am Edge löschen.

Entferne die Hardware sicher vom Computer über die Entfernen-Funktion in Windows (rechts unten in der Taskleiste, der grüne Pfeil) und löse den Edge vom USB-Kabel.

Genauso können auch GPX-Dateien auf einer leeren Micro-SD Karte platziert werden, die sich im Edge befindet. Dazu benötigt die noch leere Speicherkarte allerdings die gleiche Ordnerstruktur, wie die des Edge-Gerätespeichers. Das genaue Vorgehen, wird im Kapitel4/ Micro-SD Karte einrichten, genau beschrieben.

Fertig - der Track befindet sich nun im Edge- Gerätespeicher, wird allerdings im Display, in der Kartenansicht noch nicht angezeigt. Was viele jetzt verwechseln und auch gar nicht beabsichtigen ist, dass sie davon ausgehen, dass man nun den Track im Gerät zur Navigation aufrufen muss.

Nein! Das Einzige, was wir jetzt tun: wir teilen dem Edge mit, dass er den im Speicher befindlichen Track, in einer Wunschfarbe in der Karte anzeigen soll und wenn man sogar mehrere Tracks hat, die sich kreuzen, diese dann in einer anderen Farbe.

Abbildung 3-3

Tracklinie in der Karten ansicht sicht bar schalten und Linien farbe wählen

Es geht jetzt also nur um das Anschalten der Linie, was man am besten sofort nach der Arbeit am PC vollzieht, um auch gleichzeitig die korrekte Übertragung zum Edge zu überprüfen.

Vorgehen am Edge: Menu> Zieleingabe> Gespeich.Strecken> den gewünschten Track anklicken, im erscheinenden Auswahl-Menü „Karteneinstellungen" wählen. In diesem Trackbearbeitungsmenü muss unbedingt bei „auf Karte anzeigen" das Häkchen gesetzt werden und eine Zeile darüber kann eine beliebige Linienfarbe ausgewählt werden. Dann unbedingt mit „OK" diese Ansicht verlassen.

Mit Mode zur Kartenansicht zurück gehen und die Sichtbarkeit des Tracks überprüfen.Diese Einstellung bleibt auch nach erneutem Einschalten aktiv. Und man kann seine Tour starten. Man braucht also auch nicht vor Tourstart, den Track zur Navigation aufrufen. Er wird bereits als Linie angezeigt, das reicht.

Abbildung 3-4
Tracklinie in der Kartenansicht

Das bedeutet aber auch, dass man anhand des Positionspfeils und dem Linienverlauf des Tracks auf dem Display selber ständig beobachten muss, ob man sich noch auf der Linie befindet. Es wurde keinerlei Navigation gestartet und der Edge lässt Dich die ganze Zeit tun, was Du tun möchtest, ohne Piepston, ohne Abbiege- oder Warnhinweise.

Oder so: Verspürt nun doch jemand den Wunsch, das es schöner wäre, der Edge würde die Kontrolle der eigenen Position und dem Trackverlauf übernehmen, steht die Funktion zwar zur Verfügung, wird den GPS-Anfänger allerdings, höchstwahrscheinlich zur Verzweiflung bringen. Denn dieses Thema ist eine Kreuzung zwischen Track- und Routennavigation. Hierzu muss also alles beachtet werden, was bei einem Routing Einfluss hat. Es werden also die gewählten Einstellungen zur Fortbewegungsart, die programmierten Informationen der Karte (auf welchen Wegen eine Wegführung für das z.B. Fahrrad möglich ist) und die Informationen des eigenen Tracks miteinander verknüpft.

Das bedeutet derzeit: z.B. hat man eine ältere topografische Karte im Edge, die noch nicht routingfähig ist, erkennt der Edge auch nur den Track als einzig vorhandenen Weg, auf dem er navigieren kann. Die Funktion klappt in diesem Fall bestens, allerdings nur auf kleineren Touren (nach mehr als etwa 40km vergisst der Edge705, die Abbiegehinweise einzublenden). Weiterhin sind die Abbiegehinweise, die eingeblendet werden, nicht sehr hilfreich, weil die Tracklinie in der Detaileinblendung der Weggablung fehlt. Man ist mehr verwirrt, als das es eine Hilfe wäre. Dazu kommt, dass in der „Mode"-Seitenfolge 2 weitere Seiten, wie für das Routing

Abbildung 3-5 weitere 2 Seiten in der "mode"-Seitenfolge, sobald eine automatische Navigationaktiviert wurde (z.B. Routing auf einem Track)

typisch (Abbiege-Liste und Richtungszeiger-Seite), hinzu kommen, die es dann immer mit zum Durchblättern gilt, sobald man vom Fahrradcomputer zur Kartenansicht wechseln möchte.

Befindet sich allerdings eine der neuen routingfähigen Karten im Edge, wie z.B. die TransAlpin, auf der jeder Weg routingfähig ist, berechnet der Edge einerseits auf dem vorgeschlagenen, eigenen Track, andererseits erkennt er aber auch mögliche Abkürzungen und bringt dort einen anderen Abbiegehinweis, als die geplante Tour verlaufen sollte. Die routingtypisch programmierte Anweisung, einen schnelleren oder besseren Weg zum Ziel zu finden (die der Edge gewissenhaft ausführt), kommt also mit der Aufgabe der Navigation auf dem eigenen Track (was wiederum der Mensch gewissenhaft ausführen möchte) in Konflikt.

Daher ist es auszutesten, wer mit welcher Variante arbeiten möchte:

- der eigenen Orientierung mittels Positionspfeil in der mitlaufenden Karte bei der alleinigen Anzeige des Tracks als Linie am Display oder

   - der zusätzlich gestarteten Navigation mit akustischen Abbiegehinweisen des Edge´s, der natürlich immer einen kürzeren Weg vorschlagen möchte.

Für letzteres sollte man sich mit dem Edge sehr gut auskennen, bevor man sich auf diese Funktion „Track zu Navigation starten" einlässt:

Tracknavigation am Edge starten: Menu > Zieleingabe > Gespeich. Strecken > gewünschten Track anklicken, im erscheinenden Auswahlmenü jetzt „Nav-Start" wählen. Die Tracklinie wird zusätzlich magentafarben hinterlegt.

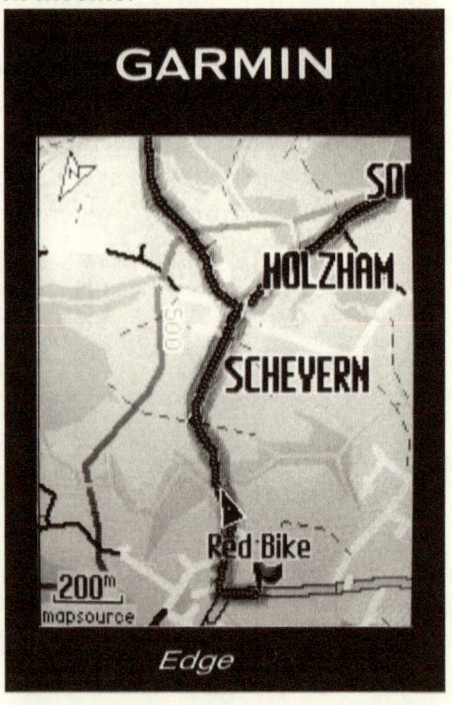

Abbildung 3-6 Tracklinie in der Kartenansicht und zusätzlicher automatischer Navigation des Tracks.

Das ist im Edge die Farbe der automatischen Wegführung (Routing). Nun einfach losfahren und auf der bekannten Hausrunde testen. ("start" drücken, für die Aufzeichnung der Fahrdaten).

Die weiteren Optionen in dem eben erschienenen Auswahl-Menü sind nicht weiter von Bedeutung.

- „Löschen" steht für Track löschen, was man jedoch besser am PC erledigt und
- „auf Karte kopieren" steht für das Kopieren auf die im Edge steckende MicroSD-Karte. Wofür jeglicher Grund unklar ist.

Routennavigation

= die automatische Wegführung (Route) zum Ziel. Der Weg dorthin ist zweitrangig. Es wird der kürzeste und beste Weg vom Edge errechnet. Man ist der Technik mehr oder weniger ausgeliefert.

Eine Route eignet sich zum Navigieren in eine Richtung. Eine Rundkurs-Route kann im Edge zu Problemen führen, da es dem Sinn der Routennavigation widerspricht, den besten Weg zum Ziel zu finden.

Eine Route mit mehreren Zwischenzielen kann man am PC vorbereiten und in den Edge laden. Sie muss auch, genauso wie Tracks, im GPX-Format vorliegen und ist im Edge, auch im Menu>Zieleingabe> Gespeich.Strecken zu finden.

Damit das Gerät, oder vielmehr die Software des Gerätes eine Route zu einem gewählten Zielpunkt berechnen kann, benötigt es routingfähiges Kartenmaterial.

Wie im Kapitel1/„verschiedene Kartentypen"- näher beschrieben, gibt es eine Vielzahl unterschiedlicher Karten und auch unterschiedliche Möglichkeiten, diese im Gerät zu installieren. Die genauen Vorgehensweisen werden im nachfolgenden Kapitel4/ „Karten im GPS-Gerät installieren"- ausführlich beschrieben.

Wir gehen also davon aus, wir haben den Edge mit Karteninformationen „gefüttert", entweder eine vorprogrammierte Micro-SD Karte im Kartensteckfach platziert oder sogar schon vom PC mittels der Garmin-Software Kartenteile gesendet.

Sollte die Karte im Display nicht sichtbar sein, ist sie in den Einstellungen womöglich nicht zur Anzeige aktiviert. Drücke dazu Menu> Einstellungen> Karte. Tippe hier mit dem thumb stick in den unteren großen Kasten, so dass der Kartenname farbig hinterlegt ist, dann mittels senkrechten Druck auf den Stick das Häkchen vor den Kartennamen setzen.

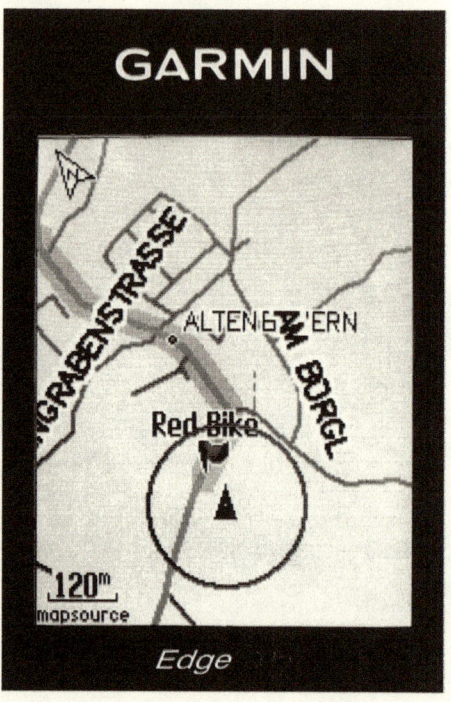

Abbildung 3-7 Routing inGarmin´s Straßenkarte: City Navigator NT, von aktueller Position „Red Bike"

Besitzt der Kartenname also ein vorangestelltes Häkchen, wird diese Karte im Display angezeigt. Ist kein Häkchen davor, ist diese Karte deaktiviert.

Hat man verschiedene Kartentypen (also Straßen- und Topokarte der gleichen Region) auf der Micro-SD Karte oder im Gerätespeicher liegen, ist es ganz sinnvoll, die Karte zu deaktivieren, mit der man gerade nicht arbeitet, da es den Berechungsaufwand des Edge´s verringert bzw. evtl. Fehlereinflüsse von vorn herein ausschließt.

Der zweite Punkt für das richtige Berechnen der Route, ist die <u>Art der Fortbewegung</u>, für die die Route berechnet werden soll. Routen werden für Fußgänger auf anderen Wegen, als Routen für Fahrrad oder Auto/Motorrad berechnet. Gehe dazu mit „Menu" zu Einstellungen, und nun auf „Routing". Hier in den Routing-Einstellungen hast Du nun also die Möglichkeit, die

Routenberechnung, in begrenztem Maße, an Dein Fahrverhalten anzupassen, durch:

- Routen berechnen für > Fußgänger, Fahrrad oder Auto/Motorrad. z.B. als MTBiker bei Verwendung der Topo TransAlpin ist es oft sinnvoller, die Einstellung „Fussgänger" zu wählen, da sonst selbst breite Forststraßen aus der Berechnungsfunktion ausgeschlossen werden;

- die Führungsmethode > man kann wählen zwischen „Bestätigen", Luftlinien-Modus, auf Straße mit der kürzeren Zeit oder auf Straße mit der kürzeren Strecke (Einstellung „Auto") berechnen. Die Luftlinie dürfte im europäischen Raum eine ziemlich überflüssige Navigationsart sein. Die Option „Bestätigen" bedeutet, dass die Entscheidung erst bei Navigationstart abgefragt wird;

- Neu berechnen > mit „automatisch" berechnet der Edge die Route sofort neu, sobald erkannt wird, dass man sich vom vorgeschlagenen Weg wegbewegt. Mit „aus" bleibt die Route im ursprünglichen Zustand und mit „bestätigen" wird in der jeweiligen Situation erst einmal nachgefragt;

- Vermeidungen einrichten > wichtig gerade bei der Nutzung im Auto. Damit will man doch keinesfalls auf unbefestigten Straßen landen.

Das Gerät ist nun vorbereitet und Du kannst Dein Ziel über „Menu> Zieleingabe> Suchen", aus den umfangreichen Auswahl-Merkmalen und POI´s auswählen.

Ist eine Straßenkarte im Gerät installiert, ist die genaue Adresseingabe möglich.

Auch eigene, abgespeicherte Wegpunkte (in Suchen > Favoriten), Tracks oder Routen (in Gespeich.Strecken) können hier, über dieses Zieleingabe-Menü zur Navigation aufgerufen werden.

Wähle das entsprechende Ziel aus und starte es zur Navigation mit „Gehe zu" bzw. „Nav -Start".

Abbildung 3-8
z.B. Wegpunktauswahl bei der
Topogr.Karte Garmin Transalpin
Berghütten findet man unter:
Menu>Zieleingabe>Suchen>
Unterkunft>Urlaubsort
Über die Eingabezeile kann der
bekannte Namen eingetippt werden,
wenn sich die gesuchte Hütte nicht
in unmittelbarer Umgebung, also
nicht in der darunter aufgeführten
Liste befindet.

-Tipp1: in diesen Auswahl-Listen lässt sich mit den Zoom-Tasten „in" und „out" schnell seitenweise weiterblättern.

-Tipp2: um unterwegs ein Ziel schneller anwählen zu können, ist es praktischer, wenn man sich zu Hause am PC die Ziele als Wegpunkt erstellt (als GPX-Datei abspeichern) und in den Edge lädt. So kann man diese im Edge, in den Favoriten, zügig anwählen und die Navigation dorthin starten.

➔ Oder: Du findest das Ziel in der Kartenansicht schneller? Dann wechsle mit der „Mode"-Taste in die Kartenansicht. Berühre den thumb stick und navigiere den weißen Pfeil auf die Position, die das Ziel sein soll. Bestätige die Auswahl mit Druck auf den Stick. Hinterliegen dem anvisierten Punkt mehrere Informationen, öffnet sich zuerst ein kleines Auswahl-Fenster, in dem zu bestätigen ist, was genau gewünscht ist, und nach dieser Auswahl: das Fenster mit den Wegpunkteigenschaften. Hiermit kann man nun den Punkt erst einmal abspeichern, auf der Karte anzeigen lassen oder sofort die Route dorthin starten.

Die Route zu dem gewählten Zielpunkt wird im Edge immer von der aktuellen Position berechnet. Nur, wenn man einen Track oder eine Route zur Navigation aufruft und sich noch nicht an dessen

Startort befindet, wird der Weg auf nur diesem Track/Route berechnet, unabhängig von der aktuellen Position.

Bei Navigationsstart sollte auf alle Fälle darauf geachtet werden:

- dass man nicht evtl., wegen einer vorausgehenden Nutzung im Raum, den Satelliten-Empfang abgeschaltet hatte;

- bei Tourstart auch die Taste „Start" zu drücken, um die Durchschnittswerte zu erhalten und die GPS-Aufzeichnung zu aktivieren.

Ansonsten folge nun einfach den Anweisungen der magentafarbenen Darstellung in der Karte und/oder den 2 zusätzlich in der „mode"-Seitenfolge auftauchenden Seiten mit Abbiegevorschauliste und Richtungsanzeige (siehe vorherige Abb.3-6).

Abbildung 3-9 Abbiegevorschau-Liste u.Abbiegehinweis bei aktiver Route

Nach der zu navigierenden Tour, wenn das Ziel nicht automatisch erkannt wurde, ist unter „Menu"> Zieleingabe> die „Navigation zu beenden".

Streckennavigation

= die identische Wegführung anhand bereits vorliegender GPS-Aufzeichnungen eines Garmin GPS-Trainingsgerätes.

Mittels der zusätzlichen Trainingsinformationen, die solch eine Streckendatei enthält, kann der Edge z.B. mit der virtuellen Trainingspartner-Funktion, Zeitvergleiche zwischen der alten und der neuen GPS-Aufzeichnung während der Fahrt am Display darstellen.

Auch das aktuell abzufahrende Höhenprofil kann während der Fahrt und im Vorhinein am Display beobachtet werden.

Strecken (auch Kurs/Courses genannt), können am PC im TrainingsCenter bereitgestellt und zum Edge gesendet werden oder auch direkt im Edge, aus einer, unter Protokolle abgespeicherten Trainings-Aufzeichnung, erstellt werden.

Streckendateien müssen im TCX- (oder im älteren CRS-) Format vorliegen. Diese Strecken findet man im Edge unter: Menu>Training>Strecken, Strecke anklicken und „Kurs abfahren" mit thumb stick auswählen und bestätigen.

Es ist wohl die witzigste, interessanteste und spielerischste Art der alten Haus- und Trainingsstrecke neuen Pepp einzuhauchen, auf der bekannten Tour sich mit einem Partner zu vergleichen, der weder beeinflussbar ist, noch schummelt. Der fitnessbewusste oder leistungsorientierte Biker kann sich somit an der Schnelligkeit seiner letzten Aufzeichnung messen und zu immer neuen Herausforderungen pushen.

Vorgehen: Im Edge wird eine Strecke erstellt, indem man zuerst einmal diese Strecke mit dem Edge mittels „Start" und „Stop" aufzeichnet. Um die Tour sauber abzuschließen, am besten immer gleich nach der Tour, die Fahrdaten auf Null zurücksetzen („reset" gedrückt halten).

Nach der Tour geht man über Menu>Training>Strecken in den Streckenmanager und wählt hier den Eintrag „Neu anlegen" mit dem thumb stick aus. Es öffnet sich das Protokoll-Archiv, mit allen noch im Edge vorhandenen Trainingsaufzeichnungen (seit der letzten „Protokoll löschen" -Aktion). Hieraus kannst Du nun den Tag auswählen, an dem Du diese Trainingsrunde aufgezeichnet hast (also wahrscheinlich: gleicher Tag, mit der Startzeit von vor ein paar Stunden). Nachdem Du es mit dem Eingabe-Stick ausgewählt und bestätigt hast, öffnet sich das Bearbeitungs-Menü dieser neuen Strecke. Du kannst einen Namen vergeben oder mit „Mode" schnellstmöglich beenden und somit den automatischen Namen „Kurs" übernehmen. Nun sollte der neue Kurs (Strecke) im Streckenmanager liegen.

Bereit zum Abfahren? Oder willst Du Dir die Daten zu der Strecke zuerst noch einmal ansehen?

Bevor man nun also bereit ist, diese Tour abzufahren, will man sich evtl. vergewissern, ob es auch tatsächlich die Strecke ist, die man unter einem bestimmten Namen aufrufen hat. Wähle dazu im Streckenmanager eine Strecke aus, klicke sie mit dem Eingabestick an und wähle aus dem sich öffnenden Auswahlfenster, was Dich interessiert. Du kannst also nun

- den „Kurs bearbeiten": einen anderen Namen vergeben (und mit „mode" wieder zurückkehren);

- mit „Karte": die Strecke für diesen Moment in der Karte anzeigen lassen (mit „mode" diese Aufgabe wieder verlassen);

- im „Höhenprofil" die Auf- und Abstiegsleistung grafisch darstellen lassen (nur für diesen Moment, mit „mode" wird die Anzeige wieder beendet);

- den Kurs löschen

- und mit der Hauptattraktion dieses Auswahlfensters eben auch den „Kurs zum Abfahren" starten.

Der Kurs ist nun aufgerufen und zum Start bereit. Nun unbedingt noch auf „start" drücken und los geht´s.

Achtung: jetzt wird es etwas unübersichtlicher, wenn man es nicht ahnt. Denn in der „mode" -Seitenfolge kommt nun wieder eine Seite zu der Standartreihenfolge: Karte, Höhenprofil und Fahrradcomputer, hinzu. Es handelt sich um die Kursseite, welche durch eine, der hier dargestellten Ansichten, zu erkennen ist.

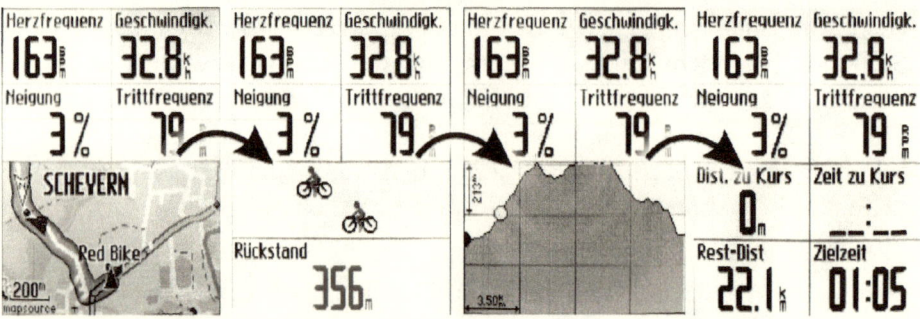

Abbildung 3-10 innerhalb der Kursseiten mit dem thumb stick durchblättern!

Ist man beim Durchschalten mit der „mode"-Taste auf dieser Seite angelangt, kommt nun eine neue Funktion dazu. Mit dem thumb stick (Bewegung nach oben und unten) kann man jetzt nämlich innerhalb der Kursseiten, die oben dargestellten Ansichten durchblättern. Dabei bleibt die obere Datenfeldansicht immer gleich, so wie man sich die Datenfelder unter Menu >Einstellungen >Datenfelder >Strecken, eingestellt hat. Nur die untere Hälfte der Kursseiten wechselt ihre Grafik.

Man kann nun also zum einen mit dem Eingabestick durch die Kursseiten blättern. Und trotzdem mit der Modetaste die Standartseitenfolge durchblättern.

Mit der Einstellung: Menu >Training >Virtueller Partner >"an" bewegen sich in der Kurs-Karte und im Kurs-Höhenprofil jeweils 2 Figuren auf der Strecke entlang, die die damalige und die aktuelle Postition darstellen. Die Vorsprung- oder Rückstandsanzeige ist eben auch dann nur sichtbar, sobald diese „virt.Partner" - Einstellung aktiviert ist.

Das auf den Kursseiten aktive Höhenprofil mit der eigenen Positionsanzeige ist leider nur im Streckenmodus möglich, sobald man also eine Strecke zum Abfahren aktiviert.

Wer auf unbekannten Touren/ bei der Streckenerkundung nicht mehr mit dem flatternden Höhenprofil"zettel" am Vorbau herumfahren möchte, kann mit einigen Umwegen, auch selbst gezeichnete Tracks zur Strecke umwandeln, wodurch man wieder die Funktion des aktuellen Höhenprofilfortschrittes im Edge nutzen kann.

1. gezeichneten Track als GPX-Datei abspeichern;

2. zu www.gpsies.com ins Programmfenster „Konvertieren" wechseln. Hier lädst Du den Track im GPX-Format hoch (mit „Durchsuchen" wählst Du den Pfad auf Deinem Rechner), wählst „konvertieren als: Garmin Course TCX" aus und klickst unbedingt auf den darunter liegenden Button „Optionen einblenden". Denn in den erweiterten Optionen findest Du die 2 Felder „Geschwindigkeit" (setze Deine geschätzte ØGeschwindigkeit ein) und „Höhendaten ersetzen/ einfügen", wo unbedingt das Häkchen gesetzt werden muss, da sonst beim Umwandeln die Höhendaten verloren gehen. Am Ende klickst Du auf „Konvertieren" und speicherst diese, ab jetzt: Streckendatei, wieder auf Deiner Festplatte ab;

3. Durch das Hinzufügen einer x-beliebigen Geschwindigkeit, kann der gezeichnete Track im TrainingsCenter, im Programmfenster „Strecken", über Datei > Importieren > Strecken…, von der Festplatte geholt, hier geöffnet und dargestellt werden. Ist alles nach Deinen Vorstellungen gelaufen, hat die Strecke den richtigen Namen? (wenn nicht, hier bearbeiten), kannst Du sie an den Edge senden oder mit der Drag&Drop-Funktion gleich im Windows-Explorer in den „Courses"-Ordner im Edge-Gerätespeicher kopieren.

Tracback

Selbst wenn keine Route im Edge zur Navigation aufgerufen wurde, auch kein abzufahrender Track im Gerät gespeichert ist, sondern nur mit der Start-Taste die aktuelle Trackaufzeichnung aktiviert wurde, kann der Edge navigieren, und zwar: den Weg zurück (Tracback).

Mit der Menu> Zieleingabe> "Zurück zum Start" –Option, wird auf der aktuell aufzeichnenden oder zu letzt aufgezeichneten Strecke, zum Start zurück navigiert.

Diese fast lächerliche Funktion könnte allerdings in der unbekannten Urlaubsregion, in Wüstenlandschaften, wo kein Weg erkennbar ist oder bei plötzlichem Wetterumschwung in dichtem Nebel, im Hochgebirge, von lebensrettender Bedeutung sein.

Also trotzdem mal im Hinterkopf behalten!

Tourstart/Tourende - Schritte am Gerät

Mit der Variante der Tracknavigation ist man mit dem Edge sofort startklar. Die Einstellungen „Track auf Karte anzeigen" hat man bereits zu Hause nach dem Übertragen vom PC erledigt, und kann nun die 2 Handgriffe vor Tourbeginn sogar noch im Losrollen erledigen:

- sind noch die alten Daten der letzten Tour in der Fahrradcomputeransicht sichtbar? , dann unbedingt auf Null zurücksetzen/"reseten", dazu „reset" lange gedrückt halten. Die letzte Tour ist somit nicht gelöscht, sondern liegt im Speicher „Protokolle". Nur die Datenfelder werden bereinigt und die neue Tour kann nun sauber als neue Tour mit dem richtigen Datum abgespeichert werden. „Resetet" man nicht, wird die neue Aufzeichnung der vorhergehenden Tour, mit dem alten Datum, als Teilstrecke angehängt;

- GPS-Aufzeichnung mit „start/stop" starten.

Nach der Tour:

- GPS-Aufzeichnung mit „start/Stopp" stoppen.

Bei der Variante mit Routing oder Streckennavigation kommen folgende Schritte den bereits eben genannten hinzu:

Vor der Tour:

- Ziel für das Routing aufrufen und „navigation start" wählen oder Trainingsstrecke „zum abfahren" aufrufen;

Nach der Tour:

- gestartete Navigation beenden, wenn das Ziel nicht bereits automatisch erkannt/erreicht wurde: Menu> Zieleingabe > „Navigation beenden" oder bei aktivierter Strecke: Menu> Training> Kurs abbrechen

Trackaufzeichnung abspeichern

Das erledigt der Edge von selbst. Alle GPS-Aufzeichnungen (die mit „start/stop" aktiviert wurden) liegen im Menu> Protokolle bis man hier im Protokoll-Ordner auf „löschen" geht, nachdem man sich die Aufzeichnungen ins TrainingsCenter geholt hat.

Bis zu 1000 Runden (1000 mal „start" gedrückt, ohne „lap"-Unterteilung) können in diesem Protokollspeicher abgelegt werden, bis er voll ist und die älteren Daten automatisch überschrieben werden.

Ist man der Typ, dem die GPS-Aufzeichnungen und Trainingsdaten sehr wichtig sind, holt man sich die Daten für die Auswertung sowieso unmittelbar nach dem Training, in den PC. Dabei ist Einem dann egal, was der Protokollspeicher nach mehreren Trainings mit den alten Daten anstellt.

„Herzlichen Glückwunsch" – die Einweisung am Gerät ist erfolgt! Du solltest nun wissen:

- grundlegenden GPS-Begriffe verstehen;
- welche Geräte-Einstellungen Du brauchst, und wo diese zu finden sind;
- welche 3 Arten der GPS-Navigation der Edge beherrscht und wie man sie nutzt;
- wie man Tracks mittels Arbeitsplatz-Explorer in den Edge-Gerätespeicher überträgt und im Display anzeigen lässt;
- wie man eine Routen startet und
- wie die GPS-Aufzeichnungen pro Tour, sauber von einander getrennt, abgespeichert werden.

Weißt Du hiervon etwas nicht, fang´ einfach noch mal von vorne an. Nein, kleiner Scherz! Am Buchanfang ist eine Kapitelübersicht, wo Du schnell das Thema finden wirst, was vielleicht inzwischen wieder unklar geworden ist, um das noch einmal nachschlagen zu können.

Kapitel 4 – Vorbereitungen am PC

Dateiformate: gpx, gdb, tcx, crs

GPX-Datei

Eine GPX-Datei kann jeweils eine(n) oder mehrere Wegpunkte, Routen und/oder Tracks enthalten. Es ist ein sehr universelles Format, was inzwischen von fast allen GPS-Programmen am PC geöffnet werden kann. Tracks, Routen und Wegpunkte kann der Edge nur in diesem Format verarbeiten.

GDB-Dateiformat

Hier handelt es sich um das hauseigene Dateiformat der Garmin-Datenbank. Dateien in diesem Format beinhalten alles, was man innerhalb eines Projektes erstellt/bearbeitet hat. In der MapSource - Software können so auch markierte Kartenteile mit abgespeichert werden. Solche Software-bezogenen Formate können aber auch nur von der gleichen Software wieder geöffnet werden. Der Edge ist mit diesen Dateien nicht kompatibel.

TCX- u. CRS-Dateiformat

Eine TCX- oder CRS- (frühere Version) -Datei, enthält neben den normalen GPS-Informationen auch die Trainingsinformationen. Eine Datei kann ein oder mehrere Strecken (Courses), Trainings (Workouts), Aktivitäten (History), sowie Benutzer-/Radprofile und Puls-/Leistungs-/Geschwindigkeitsbereiche beinhalten. Der Edge speichert alle Aufzeichnungen in diesem Format ab und verwendet es auch für alle möglichen Trainingsaktionen (z.B. virtueller Trainingspartner).

Sicherungsdatei des Edge-Gerätespeichers anlegen

Sobald der Edge das 1.Mal am PC angeschlossen wird, bevor man also das erste Mal die Chance hat, aus Versehen eine wichtige Systemdatei zu löschen, lege Dir zu allererst eine Sicherungsdatei des Edge-Gerätespeicherordners an!

Kopiere den kompletten „Garmin" –Ordner, der im Edge liegt und speichere diesen auf einem sicheren Speichermedium für alle Ewigkeit ab. (siehe Beschreibung mit Bild in Kapitel3/ Daten ohne GPS-Software vom PC zum Gerät senden). Man kann zwar durch ein „Hardreset" (siehe Kapitel2/ Tastenübersicht) den Edge in den Auslieferungszustand zurück setzen und somit versehentlich gelöschte Dateien wieder herstellen, zum Teil klappt das aber nicht immer. Somit kann man sich evtl. ein Einschicken zu Garmin ersparen.

System-/Ordnerstruktur

Damit die Dateien im Gerätespeicher, sowie auf der Micro-SD-Karte gelesen werden können, ist in den beiden „Laufwerken" die abgebildete Ordner-Struktur notwendig.

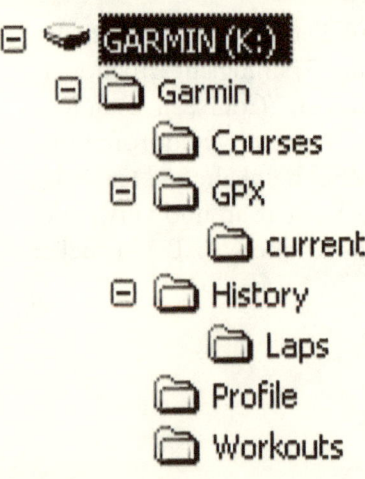

Mit „GARMIN" wird der Gerätespeicher des Edge´s als externes Laufwerk erkannt. In ihm liegt ein weiterer Ordner, diesmal klein geschrieben: „Garmin", mit wichtigen Systemdateien des Edges und weiteren Unterordnern.

So liegt hier der „Courses" -Ordner, wo TCX-Strecken (die man im Edge erstellt oder vom TrainingsCenter sendet) abgelegt werden;

Darunter sieht man den GPX-Ordner (Gespeicherte Strecken/Streckenmanager), in den alle GPX-Dateien gelegt werden, egal ob Track, Route oder Wegpunkt. Der „current"-

Ordner, der sich wiederum im GPX-Ordner befindet, beinhaltet alle aktuellen Wegpunkte, die man direkt im Edge angelegt hat.

Im „History"-Ordner (Protokoll-Archiv) liegen alle Trainingseinheiten, die man mit „start/stop" aufgezeichnet hat. Diese sind mit dem Datum versehen.

Im „Profile"-Ordner werden bestimmte Einstellungen abgespeichert. Und im „Workouts"-Ordner liegen die Tainings (Ausdauer, Intervall…usw.), die Du im TrainingsCenter anlegen und im Edge zum Absolvieren aufrufen kannst.

Über den Inhalt der Ordner kannst Du frei verfügen. Sogar das Löschen dieser Unterordner beeinflusst nicht den Betrieb des Edge´s. Die Ordner werden selbstständig neu erstellt, sobald im Edge die entsprechende Aktion ausgeführt/aufgerufen wird.

MicroSD-Karte einrichten

Den Speicherplatz Deines Edges kannst Du mit einer leeren MicroSD-Karte erweitern. Die Geräte sind derzeit in der Lage bis 4 GB-Karten und maximal 2025 Kartenkacheln zu verarbeiten. Verwende nur MicroSD - oder MicroSDHC-Karten. Karten mit der Ergänzung „ultra II" können evtl. Probleme bereiten, bieten aber auch keinen Vorteil im GPS, da es auf das Lesen der auf der Micro SD-Karte gespeicherten Kartendaten ankommt.

Damit die Karte vom Gerät erkannt werden kann, muss auf der Karte ein Ordner mit der Bezeichnung „Garmin" angelegt werden. Um Touren und Wegpunkte auf der SD-Karte ablegen zu können, ist in dem soeben angelegten „Garmin"-Ordner ein Unterordner mit der Bezeichnung „GPX" notwendig. Diese Struktur kann man selbst anlegen oder mit dem ersten „Senden an MicroSD-Karte", von Basecamp automatisch geschehen lassen:

Öffne(importiere) irgendeine(n), auf Festplatte gespeicherten, Track/Route/Wegpunkt in der Basecamp-Software und sende diese(n) an die SD-Karte (rechter Mouseklick auf Tracknamen>"an SD-Karte senden"). Somit erstellt BaseCamp die entsprechende Ordner-Struktur auf der Micro-SD-Karte. Gleiches geschieht auch, sobald man das erste Mal Kartenteile an die Micro-SD-Karte sendet (rechter Mouseklick auf die Micro-SD-Karte>"Karten installieren").

Praxiserfahrung: Beste Funktion und Einsatzbereitschaft haben wir jedoch auf die Weise erfahren, dass man an die Micro-SD-Karte nur Kartenteile sendet und alle Tracks/Routen/Wegpunkte in den Gerätespeicher legt.

Karten im GPS-Gerät installieren

Wie Du nun schon erfahren hast, ist Dein GPS-Empfänger auch ohne Karte und ohne PC-Vorbereitungen sofort einsatzbereit. Sobald man jedoch eine Tour besser planen, eventuell dabei sogar ganz spezielle Wege benutzen möchte, im Vorhinein genaue Informationen über das Höhenprofil benötigt, oder unterwegs einfach am Gerät gar nichts mehr eingeben möchte, dann ist man sicher besser beraten, wenn die Tour am PC, an dem auch wesentlich größeren „Display" geplant wird.

Aber auch unterwegs im Gerät, ist die Kartenhinterlegung mit Ihren detaillierten Geländeinformationen von großem Nutzen.

Je nach verwendetem Kartentyp gibt es nun also unterschiedliche Dinge zu tun. Beginnen wir mit dem geringsten Aufwand:

vorprogrammierte Datenkarte – Micro/SD-Karte

Ganz einfach: Deckel auf der unteren Rückseite des Edges zur Kantenseite aufschieben, Micro-SD-Karte mit der Kontaktseite zum Display zeigend einrastend hineinstecken, Deckel wieder drauf schieben.

Die Karteninformationen auf diesen vorprogrammierten SD-Karten können nun sofort verwendet werden. Es ist keinerlei Freischaltung nötig. Sollte das Display in der Kartenansicht immer noch leer bleiben, ist es möglich, dass die Karte in den Geräteeinstellungen abgeschaltet ist:

Menu > Einstellungen > Karte (siehe Kapitel2 - notwendige Einstellungen/ Karteneinstellungen: Häkchen muss vor Kartenname gesetzt sein).

Bewegt man sich im Grenzgebiet dieser Kartenabdeckung, wird es jedoch eher unerträglich, die angrenzende Datenkarte ständig manuell auszutauschen. In diesem Fall ist die Variante der Kartenübertragung vom PC auf eine leere Micro-SD-Karte besser, da man mehrere, verschiedene Garmin-Karten auf diese eine Speicherkarte laden kann und beim Grenzübertritt, im Display keinen Unterschied wahrnimmt. Es ist sofort die angrenzende nächste Karte sichtbar.

Achtung: Sobald Du eine vorprogrammierte MicroSD-Datenkarte verwendest, solltest Du auf diesem Speicherplatz keine GPX-Dateien ablegen und **auf keinen Fall** zusätzliche Karten vom PC in den MicroSD-Kartenspeicher laden. Die Kartendaten würden durch die neuen Daten überschrieben und somit gelöscht werden. Es ist möglich, dass Dir dann auch die lizenzfreie Nutzung dieser vorprogrammierten SD-Karte (für weitere GPS-Geräte) verloren geht.

Kartendaten-DVD am PC installieren

Für das Installieren der Garmin-Karte am Rechner, ist ein Freischaltungsprozess per Internet unumgänglichen. Hierzu wird der folgende Ablauf empfohlen:

1. ein Garmin Benutzerkonto einzurichten. Auf der deutschen Homepage von Garmin: www.garmin.de, findest Du die Rubrik „my Garmin". Dort eröffnest Du ein Benutzerkonto (Tipp: verwende einen neutralen Benutzernamen, falls Du das Gerät evtl. irgendwann wieder verkaufen möchtest. Denn das Benutzerkonto gehört ab nun zum Gerät). Dort registrierst Du Deinen Edge und kannst dann dieses Konto wieder verlassen.

2. DVD in PC einlegen und Installation starten. Der Assistent führt unmissverständlich durch den Prozess und fordert an gegebener Stelle auf, den Edge nun per USB-Kabel mit dem Rechner zu verbinden, um die Karte für Deinen PC und Dein GPS-Gerät online freizuschalten.

Somit können nun alle wichtigen Registrierungsdaten Deinem Garmin-Konto zugeordnet werden. Das hat den Vorteil, einfacher eventuelle Kartenupdates zu bestellen, oder einzusehen, ob Kartenupdates sogar kostenlos verfügbar sind.

Nach der Installation alles schließen, evtl. Rechner neu starten. Die soeben installierte Software öffnest Du dann über Start/Programme/Garmin/ „BaseCamp" (oder „MapSource" - hieß die bisherige Kartensoftware von Garmin).

Sollte beim ersten Öffnen der Garmin-Software immer noch eine Meldung auftauchen, wie z.B. „Kartendaten müssen noch freigeschaltet werden", bestätige diese Meldung einfach nochmals mit „okey" und lasse die Onlineverbindung zu. Spätestens beim 2. Öffnen sollte dann aber alles freigeschaltet sein und keine Warnmeldung mehr erscheinen.

Du verfügst jetzt also zum Einen über eine Software, mit der Du in der Karte allerlei Planungs- und Bearbeitungsfunktionen ausführen kannst, zum Anderen über die Karte selbst, die sofort in der Software verfügbar ist. Legst Du Dir später weitere Garmin-Karten zu, z.B. zu der Straßenkarte „CityNavigatorEuropeNT" kommen dann noch für den Urlaub die Straßenkarte von Amerika „CityNavigatorNorthAmerikaNT" und vielleicht noch eine topografische Karte für diesen Bereich hinzu, sind diese Karten alle nach der erfolgreichen Freischaltung in der gleichen Software vorhanden. Dadurch kannst Du also verschiedene Karten, gemeinsam auf <u>eine</u> leere Micro SD-Karte im Gerät schaufeln.

Karte von DVD zum Gerät senden

Lege eine leere MicroSD-Karte in Deinen Edge und schließe ihn per USB-Kabel am Rechner an.

Öffne über Start> Programme> Garmin> „MapSource" oder „BaseCamp" mit einem linken Mouseklick oder klicke den Programm-Namen mit der rechten Mousetaste an, um auf dem Desktop eine Verknüpfung (für einen direkten Zugriff vom Desktop) zu erstellen.

➜   Nie vergessen: Beim Senden von Kartendaten, auf die im Edge befindliche Micro-SD-Karte, darf sich in keinem Fall eine vorprogrammierte MicroSD-GarminDatenkarte im Steckplatz befinden, diese würde überschrieben werden und die lizenzfreie Nutzung könnte verloren gehen.

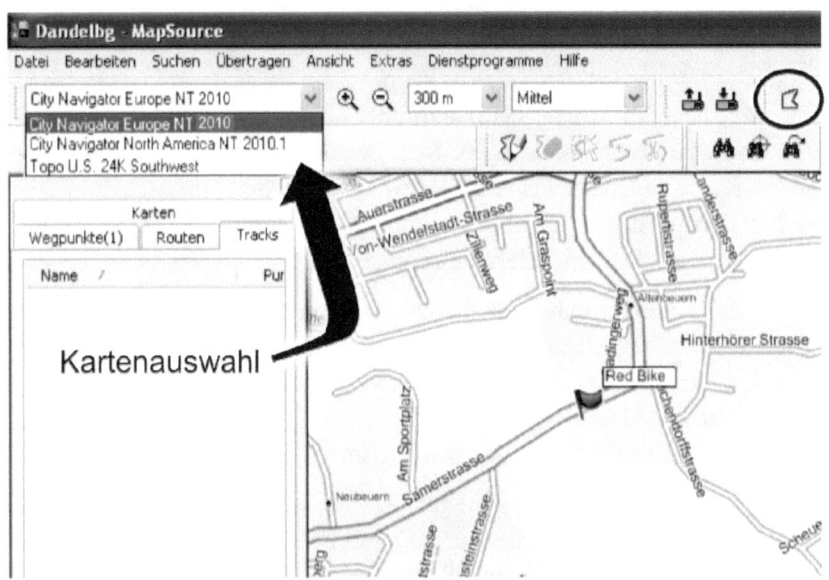

Abbildung 4-1 die verschiedenen Garmin-Karten sind in der Software auswählbar

Da nicht unendlich viele Karten auf eine Micro SD-Karte passen, dies auch sehr lange dauern würde (da diese Daten speziell verpackt werden), kann man bestimmte Kartenteile auswählen und nur diese senden.

Beispiel: auf eine MicroSD-Karte mit einer Größe von 4GB können die kompletten Daten der Topo Deutschland, Topo Österreich u. TopoSchweiz „geschaufelt" werden. Es dauert nur dementsprechend lange, ca. 1Stunde.

In **MapSource** benutzt man die im Bild oben rechts eingekreiste „Kartenfunktion".

Vorgehen in MapSource: Wähle zuerst eine Karte aus, die Du senden möchtest, z.B. die europäische Straßenkarte. Zoome dann die Kartenansicht soweit heraus, dass Du z.B. ganz Deutschland sehen kannst, dann klicke mit der linken Mousetaste auf den Button „Kartenfunktion" und während Du mit der Mouse in der Karte entlang fährst, wirst Du auch schon bemerken, dass die jeweiligen Kartenfelder gelb umrandet werden. Klicke ein Feld an. Du wirst sehen, dass dieses rot markiert bleibt und in der linke Spalte, auf der Registerkarte „Karten" erscheint. Nun können weitere Kartenteile anklickt, oder sogar auch mit gehaltener, linker Mousetaste ein

Rechteck über all die Karteteile aufgezogen werden, die Du zum Gerät senden möchtest.

Das war die eine Karte. Nun kannst Du noch weitere Kartenteile einer anderen Karte auswählen. Rufe in der Kartenauswahlliste eine andere Karte auf, z.B. die Topo TransAlpin. Wählen auch hier mit der Kartenfunktion die Teile aus, die Du an das GPS-Gerät senden möchtest. Verfahre mit allen weiteren Karten genauso.

Egal welche Kartenteile von welcher Karte, sie werden alle links in die Liste der Registerkarte „Karten" gelegt und dort gesammelt. Zum Übertragen an das Gerät verwende den Button „an Gerät senden", siehe Abbildung 4-1: in der oberen Werkzeugleiste, gleich links neben dem Kartenfunktion-Button.

Im erscheinenden Dialogfenster sollte Dein, per USB-Kabel angeschlossener, Edge mit der ID-Nummer erkannt werden. In dieser Zeile kannst Du mittels des blauen Pfeils entweder den Gerätespeicher oder die eingelegte leere MicroSD-Karte, in der Aufklapp-Liste auswählen.

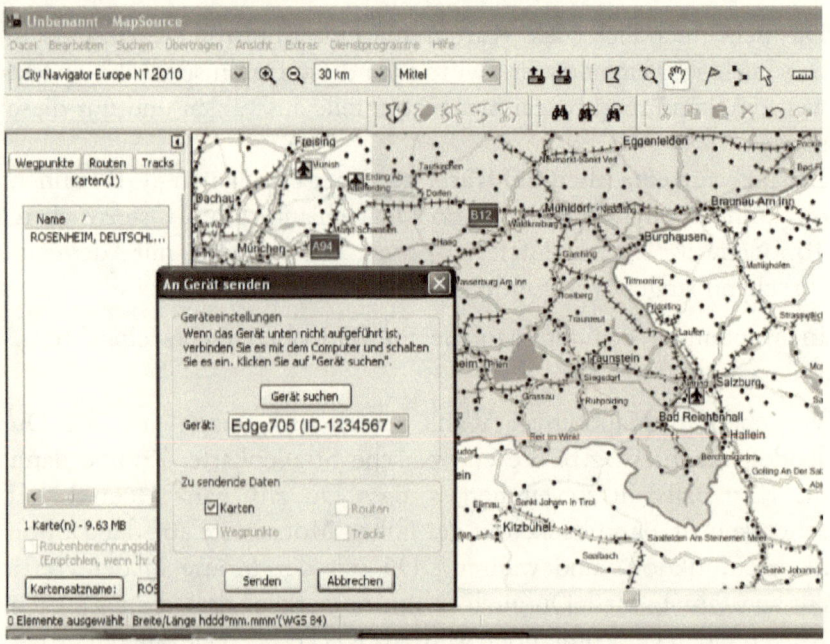

Abbildung 4-2 MapSource: mit dem Button "an Gerät senden" öffnet sich nachfolgend die Auswahl für Gerätespeicher oder Micro-SD-Karte

Im unteren Bereich des Dialogfensters erkennt die Software automatisch was gesendet werden kann. Sind hier Häkchen bei Positionen, die in diesem Moment nicht gesendet werden sollen, können diese einfach durch Anklicken entfernt werden.

In der neuen **BaseCamp** -Software verläuft dieser Vorgang etwas anders. Hier klickst Du in der linken Spalte mit der rechten Mousetaste direkt auf die erkannte MicroSD-Karte, worauf man im erscheinenden Kontexmenü „Karten installieren" wählt.

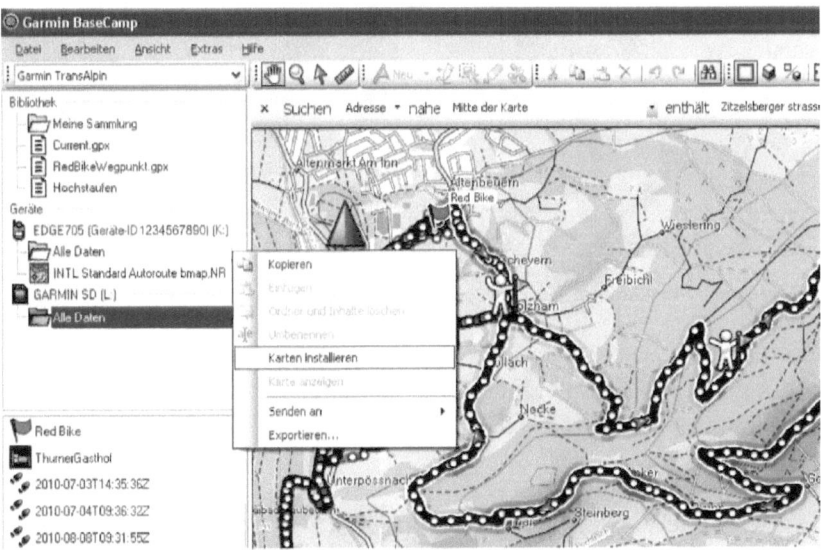

Daraufhin öffnet sich der MapInstallations-Assistent, um in diesem die gewünschten Kartenteile auszuwählen und im unteren Teil des Fensters, zwischen den verschiedenen Karten umzuschalten.

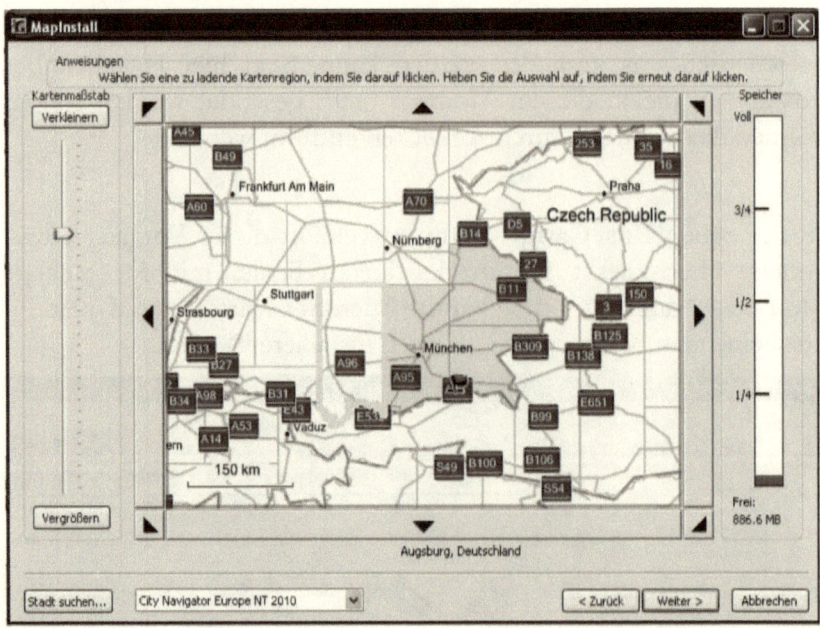

Abbildung 4-4 BaseCamp/MapInstaller: Karten zum Edge senden

Durch den Füllstand der Säule, ganz rechts im Bild, kann man den benötigten Speicherplatz einschätzen und startet anschließend die Übertragung der Kartendaten mit „weiter".

Es ist immer am sinnvollsten, in erster Linie die SD-Karte zu belegen, um nicht den Speicherplatz im Gerät für die Trackaufzeichnung zu blockieren.

Wenn nötig, die gesendete Karte im Gerät noch aktivieren: Menu >Einstellungen >Karte >im unteren großen Kasten auf die entsprechende Karte klicken und somit das Häkchen, vor dem Kartennamen, setzen.

Touren aus dem „Netz"

Freizeitvergnügen pur, ist sicher die Variante, einem Track zu folgen, welcher bereits von Jemandem abgefahren und aufgezeichnet wurde. Wie im Beispiel unserer eigenen GPS-Downloadseiten auf www.red-bike.de/gps , wo Du unsere eigens ausgearbeiteten und abgefahrenen GPS-Daten (im südlichen Voralpenland und einigen beliebten Urlaubszielen) mit mehr als 3.000 überwiegend MTB-Kilometern mit knapp 100.000 Höhenmetern, zum kostenlosen Download für die private Nutzung findest.

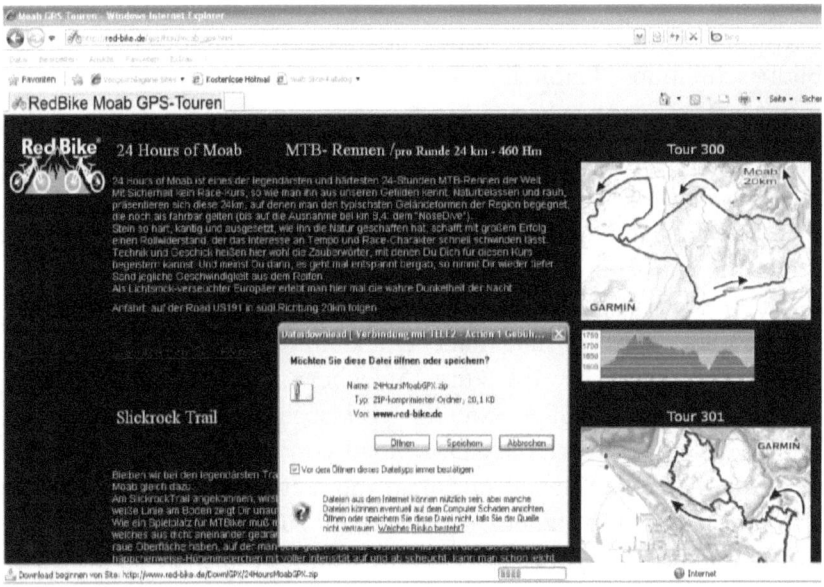

Abbildung 4-5 GPS-Tourenportal www.red-bike/gps.de

Hilfreich ist auf solchen Downloadseiten, eine kurze Beschreibung, Kartenansicht, Höhenprofil und (im Bild gerade durch das Downloadfenster verdeckt) der Link in die kostenlose Google-Earth Version, damit man sich einen genauen Eindruck über viele Details verschaffen kann, bevor man sich für den Download entscheidet.

Auf unseren Seiten wirst Du bei einigen Touren sogar auch den Download für das TCX-Streckenformat finden. Das heißt, Du kannst Dich mit dem virtuellen Trainingspartner auf dieser Strecke navigieren lassen und gleichzeitig mit unseren Fahrzeiten messen. Diese Aktion stammt noch aus den Zeiten, als das Streckenformat, das einzige Format war, mit dem der Edge navigieren und arbeiten konnte.

Die GPS-Daten haben wir für einen unkomplizierten Download im ZIP-Ordner verpackt, welchen Du nach dem Abspeichern auf Deiner Festplatte, mit der rechten Mousetaste angeklicken und entpacken lassen musst („Alle extrahieren" wählen und im Dialogfenster 2x auf „weiter" klicken). Nach dem Entpacken liegt eine Datei, z.B. „Mustertrack.gpx" im gleichen Ordner auf Deiner Festplatte. Diesen klickst Du mit der linken Mousetaste an und ziehst ihn in den GPX-Ordner des Edge-Gerätespeichers (siehe Bildbeschreibung Kapitel3/ Track ohne GPS-Software vom PC zum Gerät senden).

Andere GPS- Downloadseiten bieten eine Vielzahl verschiedener Dateiformate an, in welchem man sich den Track letztendlich abspeichern kann. Garmin -Outdoorgeräte und sehr viele GPS-Programme arbeiten mit dem universellen GPX-Format. Sobald Du also den Download für das GPX-Format gefunden und angeklickt habst, sollte sich auf alle Fälle ein kleines Dialogfenster öffnen, worin Du die Auswahl zum Speichern findest. Öffnet sich stattdessen ein großer weißer Bildschirm mit unendlichen Zahlcodierungen, wurde der Download von dem Website-Gestalter nicht korrekt bereitgestellt und man müssten einige Tricks kennen, um den Track trotzdem verwenden zu können. Aber mit fortschreitendem GPS-Zeitalter sollten diese restlichen Fehler auch kaum noch zu finden sein.

Bei manchen Tourenportalen, wie www.gpsies.com hat man auch die Möglichkeit, den Track direkt an das Gerät zu senden. Dazu benötigt der PC jedoch ein kleines Tool (Plug-in), um die Kommunikation zwischen dem Portal und Edge bilden zu können. Dieses „Plug-in" wird automatisch installiert, sobald Du dies in der auftauchenden Warnmeldung zulässt.

GPSies.com ist ein sehr umfangreiches GPS-Portal für sämtliche Aufgaben rund um die Nutzung Deines GPS-Gerätes.

- Es gibt hier z.B. die Möglichkeit, Tracks online zu zeichnen. Das ist sehr nützlich, wenn man von der geplanten Tour kein Kartenmaterial am eigenen PC zur Verfügung hat.

- Weiter findet man hier auch einen Konverter, der fast alle möglichen GPS-Trackformate umwandeln kann. Das ist nötig, wenn man am PC, in einer x-beliebigen elektronischen Karte einen Track zeichnet, aber die Software keine Möglichkeit zulässt, diesen im GPX-Format (für den Edge) abzuspeichern. Denn jeder Kartenhersteller verwendet sein eigenes Dateiformat. Viele erkennen inzwischen das universelle GPX-Format an, und bieten die Möglichkeit, den Track am Ende in diesem Format abzuspeichern/zu exportieren. Auch die als TCX-Trainingsdatei vorliegende GPS-Aufzeichnung vom Edge, kann im TrainingsCenter zum GPX-Track umgewandelt und abgespeichert werden.

Ein weiteres großes GPS-Tourenportal ist: www.gps-tour.info, welches ebenso eine umfangreiche, weltweite GPS-Downloadauswahl bietet. Aber auch auf den Webseiten sämtlicher Tourismusverbände tauchen immer mehr GPS-Daten von Touren aus der Region zum kostenlosen Herunterladen auf.

Vertraue jedoch nicht blind dem bereitgestellten Material. Manchmal können diese genauso nur gezeichnet worden, also in der Praxis noch gar nicht getestet worden sein. Oft wurden sie auch nachträglich nicht bearbeitet (von Verfahrwegen oder Luftlinien ausgesäubert).

Es empfiehlt sich daher: die Datei immer zuerst in der eigenen GPS-Software am PC anzusehen, evtl. nachzubearbeiten und erst dann, in den Edge zu packen.

Manchmal werden auch Routen zum Download bereitgestellt. Doch Achtung! Da ja Routen nie die Aufzeichnungen von GPS-Geräten sind, kann es sich hierbei also nur um die Planungsarbeit des Anbietenden handeln. Und man läuft unterwegs Gefahr, wenn man der Meinung war, es handelte sich um einen Track. So etwas findet man momentan eher selten auf solchen Plattformen Die Meisten stellen Ihre wahre, abgefahrene und aufgezeichnete Tour ins Netz. Das ist also ein Track mit sehr vielen Trackpunkten (oft mehrere Hundert oder sogar Tausend).

Bei GPSies.com ist es nun aber auch noch möglich, im Download-Prozess den angebotenen Track in eine Route umzuwandeln und herunter zu laden.

Vermeide dies! Denn: dabei werden die Trackpunkte in Zwischenziele für eine Route umgewandelt. Da eine Route aber automatisch von der Gerätesoftware auf der Straße berechnet wird, werden niemals so viele Zwischenziele benötigt. Der Edge zeigt daher, nach der Aktivierung („Navigation Start") dieser Route mit mehr als 50 Zwischenzielen, eine Fehlermeldung im Display an.

Es möge Tools geben, mit denen man die Zwischenziele verringern kann, versuche es und sieh Dir das Ergebnis in Deiner routingfähigen Straßenkarte, am PC an! Es wird wahrscheinlich das absolute Chaos ergeben, wenn die originale (Track-)Aufzeichnung auf, in der Straßenkarte nicht erfassten, Wegen verläuft und die Software natürlich zwangsläufig versucht, eine fahrbare Umleitung zu finden.

In einer routingfähigen, topograpischen Karte mag das vielleicht schon etwas besser klappen, trotzdem ist es letztendlich nicht sicher genau die Tour, wie sie original als Track bereitgestellt wurde. Auch der Edge wird schließlich noch „seinen Senf dazu geben" und anhand Deiner persönlichen Routing-Einstellungen die Route wieder verändern. Sobald es also eine Route ist, ist es nicht mehr sicher die Tour, die Du unbedingt fahren wolltest.

Bisher gilt also:

Downloads die als Track bereitgestellt wurden, sollten auf keinen Fall in Routen umgewandelt werden! Nur, wenn aus der Beschreibung deutlich hervor geht, dass es sich bei dem Download um eine Route handelt, kann diese Tour auch als Route im GPX-Format, im Edge mit einer routingfähigen Karte verwendet werden.

Ohne eine routingfähige Karte installiert zu haben, wird wohl bloß eine Luftlinie oder andere, schlecht zu deutenden Linien am Display zu sehen sein.

Touren selbst planen und zeichnen

Ein sehr informatives Tool zum Planen ist inzwischen „GoogleEarth" geworden. Dieses gibt es als kostenlose Version (http://earth.google.com/intl/de/), die für alle privaten Belange rund um die Planung und Auswertung von GPS Touren vollkommen ausreicht. Gerade bei mehrtägigen Unternehmungen kann man sich hier zuerst einmal einen Überblick verschaffen, wo man überhaupt hinfahren möchte, z.B. in den MTB-Urlaub, aber bitte auch mit Strand. Bis auf jedes einzelne Hotel mit Strandlage kann man hinunter zoomen und sich eben auch gleich ansehen, ob sich bergiges Hinterland in der Nähe befindet. Hier stößt man gleichzeitig schon auf einige Fotos, die die Umgebung darstellen. Zum Zeichnen eines Tracks ist GoogleEarth nur dann geeignet, wenn die eigene elektronische Karte am PC so schlecht ist, dass darin noch nicht einmal Wege verzeichnet sind, die aber im Satellitenbild von GoogleEarth sogar aus dem All zu erkennen sind – kann man aber auch schnell mit einem Flussbett verwechseln.

Man beginnt mit dem Werkzeug „Pfad hinzufügen" aus der Werkzeugleiste über der Kartenansicht. Es öffnen sich die Track-Eigenschaften. Hier kann man zuerst einmal dem Track einen Namen vergeben, evtl. auch die Linienstärke und -Farbe einstellen. Während des Zeichnens muss das Fenster geöffnet bleiben. Fasse das Fenster daher am oberen Rand an, und schiebe es einfach nach unten oder zur Seite. Klicke nun mit der Mouse auf dem erkennbaren Weg entlang.

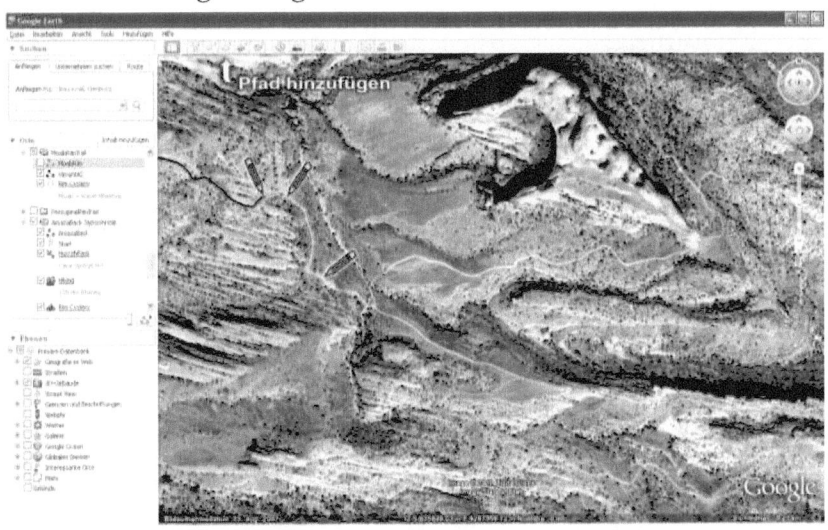

Abbildung 4-6 Zeichnen in Google Earth

Ist Dein Track fertig, schließe das Track-Eigenschaftsfenster mit „OK". Den gezeichneten Track findest Du nun in der linken Spalte, neben der Kartenansicht. Um diesen Track schließlich im Edge verwenden oder mit der Garmin-Software weiter bearbeiten zu können, speicherst Du ihn erst einmal auf Deinem Rechner ab: Track in der Liste mit rechter Mousetaste anklicken. Im Kontexmenü „Ort speichern unter…" wählen. Als einziges Dateiformat werden hier nur die GoogleEarth internen Formate „KMZ" und „KML" zugelassen. Speichere im „KML"-Format. (KMZ ist die komprimierte, gepackte Form von KML, welche beim Öffnen in GoogleEarth automatisch entpackt wird.) Das Umwandeln in die GPX-Datei ermöglicht der „übersetzungsstarke" Konverter, den Du auf den Seiten des freien GPS-Portals www.gpsies.com findest. Hier lädst Du den Track im KML-Format hoch (mit „Durchsuchen" wählst Du den Pfad auf Deinem Rechner), wählst „konvertieren als: „GPX-Track" aus und betätigst dann zuerst den darunter liegenden Button „Optionen einblenden", bevor Du „konvertieren" wählst. Denn in den erweiterten Optionen findest Du das Feld „Höhendaten ersetzen/einfügen", wo unbedingt das Häkchen gesetzt werden muss, da sonst beim Umwandeln die Höhendaten verloren gehen. Am Ende tippst Du auf „Konvertieren" und speicherst diesen dann wieder auf Deiner Festplatte. Nun kannst Du den Track problemlos in MapSource oder BaseCamp öffnen.

Welche Kartensoftware man zum Planen und zeichnen verwendet, kann jeder für sich entscheiden.

Mit der Zeit lernst Du, die verschiedenen Linienarten der Wanderwege für die Eignung Deiner Fortbewegungsart mit dem Bike gut einzuschätzen, z.B.:

- durchgezogene Wege = breite Forststraße;

- lang gestrichelte Wege = breite Wanderwege;

- kurz gestrichelte Wege = aufpassen: kann fahrbar sein, bedeutet aber meist eher: Schieben! Dann bringt ein Blick ins Höhenprofil meist schon mehr Aufschluss;

Anhand der Markierung der Weglinien in der Wanderkarte, dem Linienverlauf selbst (ganz kleines Zickzack oder Serpentinen) und der Steigung im Höhenprofil, ist zu erkennen, ob dieser Weg z.B. zum MTBiken geeignet ist oder lange Passagen nur geschoben/getragen werden können.

Da man auf Garmin GPS-Geräte nur Garmin-Karten laden kann (bis auf die Ausnahme der OpenStreetMaps), macht es wahrscheinlich Sinn, die Tour auch gleich in dieser Karte am PC vorzubereiten.

Wo anfangs die Wegdarstellung, Werkzeugauswahl und Funktion der Garmin-Karten sehr begrenzt war, kann man inzwischen darin sehr schnell, komfortabel und übersichtlich Touren erstellen und auswerten, z.B. ist das Erstellen von Routen in topografischen Karten anderer Anbieter meist gar nicht möglich.

Beim Kauf einer elektronischen Karte, egal welchen Anbieters, ist immer eine Software enthalten, mit der man in der Karte Touren erstellen und bearbeiten kann. Man kann kaum eine beste Software benennen. Jeder Anbieter hat eine Kleinigkeit besser gelöst, dafür findet man an anderer Stelle wieder einen kleinen Nachteil. Jeder Mensch bevorzugt beim Erstellen von Touren evtl. auch eine andere Vorgehensweise.

Die Software der „magicMaps 3D-Karten" bieten z.B. eine sehr genaue Vorauskunft über die gesamt aufsteigenden Höhenmeter, Höhenprofil und die Tourdauer. Entsprechend der Eingabe der persönlichen Fahrgeschwindigkeiten in der Ebene, bergauf, bergab etc. läuft man kaum Gefahr, eine zu große Tagestour einzuplanen.

In der Software der elektronischen 3D-Karten des „Kompass"-Verlags findet man ebenfalls sehr umfangreiche Erstell- und Bearbeitungswerkzeuge. Auf diese Karten wird man speziell aus dem Grund aufmerksam, da Kompass die gängigsten Urlaubs- und Freizeitgebiete abdeckt, die von anderen Anbietern nicht so umfassend angeboten werden und der Preis in einem sehr guten Leistungsverhältnis steht.

Allen diesen Karten liegt meist auch die 3D-Funktion mit bei. Sie dient einem noch besseren Eindruck über die Gelände-eigenschaften. Meist kann man in der Animation auf dem eigenen Track, sogar entlang „fliegen". Ein Blick in´s Höhenprofil ist jedoch genauso aussagekräftig.

Gezeichnet wird immer in der 2D-Darstellung. Also die Ansicht, wie man sie von Papierkarte kennt.

Zeichnen in Garmin´s <u>BaseCamp</u>: Die Werkzeuge zum Zeichnen liegen in der oberen Werkzeugleiste. Indem man mit „Neu" und dort die entsprechende Eigenschaft aus der Aufklappliste (Track, Route oder Wegpunkt) auswählt, aktiviert man die dazugehörigen Werkzeuge. Im Bildbeispiel (Abb.4-4) wurde über Neu > „Track" ausgewählt. Bewegt man anschließend die Mouse in die Karte, erscheint der Stift, mit dem man den <u>Track zeichnen</u> kann. Gleich daneben werden die Trackbearbeitungswerkzeuge aktiv, mit denen man Trackpunkte einfügen, Trackpunkte verschieben, Trackpunkte löschen und den Track zerteilen kann. Wählt man über Neu > „Route", benötigt man diese Werkzeuge nicht und können deshalb auch nicht angewählt werden.

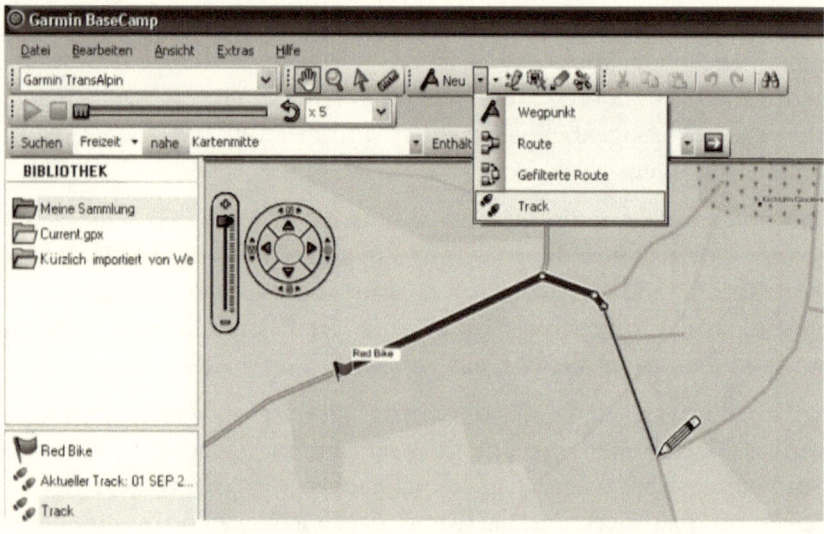

Abbildung 4-7 Track zeichnen in BaseCamp

<u>Tracks bearbeiten</u>: Hat man z.B. 2 Touren, die man miteinander verbinden möchte, klickt man in der Werkzeugleiste auf den Schere-Button (mit der logischen Funktion:„Zerschneiden") und mit dieser dann in der Karte, auf den Track, an die Stelle, wo dieser geteilt werden soll, wo also sinnvoller weise der Track der 2.Tour anstößt. Falls notwendig, trennt man den 2.Track ebenfalls an dieser Stelle auf, so dass eben 2 Endpunkte entstehen, die man dann miteinander zu der neuen „Gesamt"-Tour verbinden kann. Die

abgeschnittenen Teile des Tracks, die man nicht mehr verwenden will, entfernt man einfach. Dazu links in der Bibliotheken-Liste entweder mit rechter Mousetaste den Rest-Track anklicken und „löschen" wählen oder mit linkem Mouseklick markieren und auf Tastatur „Entf" drücken. Die beiden nun fertig vorbereiteten Teile verbindet man miteinander dadurch, dass man beide Tracknamen in der linken Liste markiert und anschließend mit einem rechten Mouseklick auf die markierten Namen "Erweitert"> "ausgewählte Tracks zusammenfügen" wählt. Im sich daraufhin öffnenden Fenster hat man dann die Möglichkeit die beiden Tracks in gleicher Fahrtrichtung und gewünschter Reihenfolge der Zusammenfügung anzuordnen, falls nicht schon richtig vorliegend.

In Garmin´sMapSource sieht die Werkzeugleiste ein wenig anders aus, aber auch da findet man den Stift zum Zeichnen eines Tracks, Trackbearbeitungswerkzeuge und die Routenfunktion, um Routen zu erstellen. Überprüfe in der Menüleiste über „Ansicht">"Symbolleisten einblenden", ob auch die „Track bearbeiten"-Symbolleiste angezeigt wird (es muss sich davor ein Häkchen befinden). Sonst wirst Du den Stift zum zeichnen des Tracks, vergeblich in der oberen Werkzeugleiste suchen. Um in MapSource mehrere Tracks miteinander zu verbinden, hat man hier extra einen Button mit der „Trackzusammenfügungs-Funktion", mit der man in der Karte den letzten Trackpunkt des ersten Tracks anklickt, und mit dem ersten Trackpunkt des 2.Tracks verbindet. Liegt der 2.Track nicht in der richtigen Fahrtrichtung vor, muss man diesen zuvor noch umkehren. Dazu in der linken Spalte auf den Tracknamen mit einem linken Doppel-Mouseklick klicken, worauf sich das Eigenschaftsfenster des Tracks öffnet. Hier findet man neben der Auflistung der einzelnen Wegpunkte, weiter Funktionen, wie den Aufrufbutton für das Höhenprofil, aber eben auch das jetzt benötigte „Umkehren". Einmal anklicken und mit „OK" das Fenster schließen. Jetzt lassen sich beide Trackteile in der richtigen Fahrtrichtung miteinander verbinden.

Am schnellsten lässt sich ein Track zeichnen, wenn man sich die gleiche Karte in Papierform neben den Bildschirm legen kann, da ja der Monitor eben wirklich nur den Ausschnitt darstellt, den man sich so weit heran gezoomt hat, dass man auf dem Weg gut entlang zeichnen kann. Somit verliert man schnell den Überblick, in welche Richtung man eigentlich zeichnen wollte. Aber gerade für die

Urlaubsregion wird man diese Papierkarte nicht noch zusätzlich zur Verfügung haben. Dann kann man sich auch so helfen, indem man sich zu erst mit ganz wenigen Punkten die geplante Tour grob aus Luftlinien darstellt.

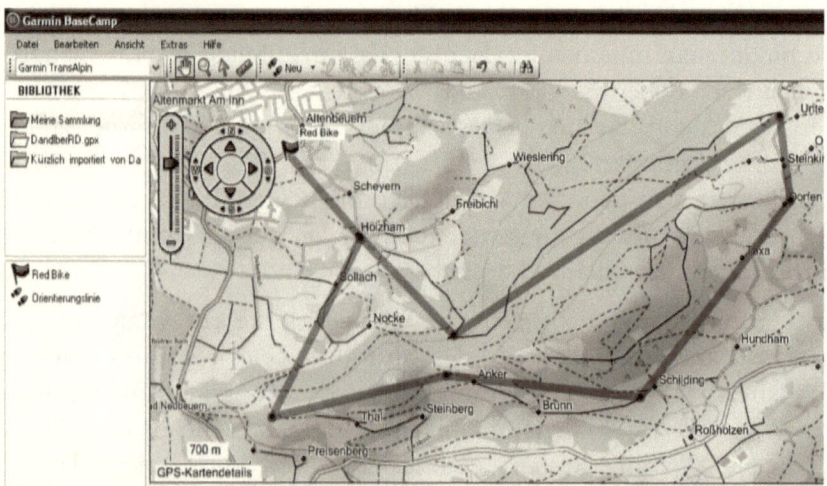

Abbildung 4-8 Tour grob vorzeichnen, damit bei der Vergrößerung am Bildschirm die Luftlinien die Richtung für den zu zeichnenden Track weisen.

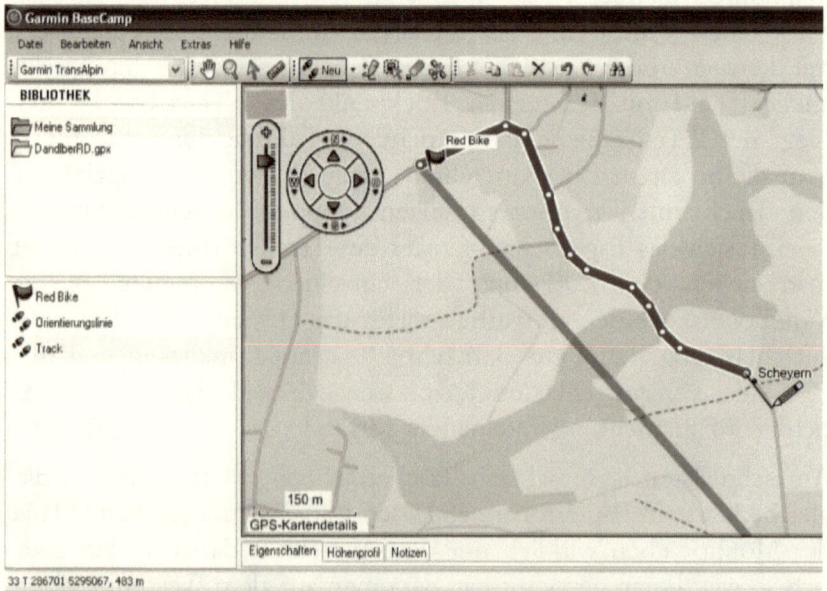

Abbildung 4-9 Luftlinie zur Orientierung beim Trackzeichnen

Im 2.Schritt wird dann ein weiterer Track, der eigentliche Track, gezeichnet. Zoome dazu in die Karte so weit hinein, dass Du die Wege gut erkennen kannst.

Nun zeigt Dir die Luftlinie stets die grobe Richtung auch außerhalb des Bildschirms, woran Du Dich beim Zeichnen orientieren kannst. Zum Erstellen des Tracks klickst Du nun mit der linken Mousetaste jeweils mittig auf den Weg, den Du fahren möchtest. Klick für Klick erstellst Du je einen Trackpunkt (die Brotkrümelspur, der Du unterwegs folgen willst), bis Deine gesamte Tour mit Brotkrümeln, oh sorry: mit Trackpunkten gezeichnet ist. Die Punkte werden beim Entlang-Klicken automatisch mit einer Linie verbunden, welche dann als kartenunabhängige Linie (Track) im Edge (im GPX-Ordner) abgelegt wird.

Wem das Setzen der einzelnen Trackpunkte zu aufwendig ist, kann sich mit einer der neuen topografischen Garmin-Karten, wie z.B. der „TopoDeutschland2010", „GarminTransAlpin" und der „TopoÖsterreich" sowie allen Straßenkarten, sehr viel Arbeit ersparen. Denn wie schon erwähnt, können diese Karten alle eingezeichneten Wege, automatisch erkennen. Man braucht den nächsten Punkt (Zwischenziel) erst dorthin zu setzen, bis wohin auch die Software keinen anderen Weg berechnen kann. Bei einer dieser, als Route gezeichneten Tour, besteht jedoch immer die Gefahr, dass die Einstellungen im Gerät nicht so angepasst sind, wie die Routing - Einstellungen bei der Planung am PC gewählt wurden. Somit wird die Route im Edge anders berechnet und man fährt, z.B.: bei einer Transalp los und wird womöglich dann doch auf anderen Wegen navigiert. Da bei einer Transalp aber der Weg das Ziel ist, weil genau auf dieser Strecke das schönere Panorama ist, als auf der dazu parallel verlaufenden Strecke am nächsten Berg/Tal, ist es meist erwünscht, dass die Route aus keinen Gründen auch immer, verändert wird. Nur wer sich mit seinem Edge perfekt auskennt, wird alle Einstellung richtig auswählen können, damit auch eine Route so bleibt, wie sie am PC geplant wurde, z.B. wäre es dann sehr wichtig in den Routing-Einstellungen auszuwählen, dass bei Abweichungen von der geplanten Routen eben nicht neu berechnet werden soll... (Dazu bedarf es jedoch sehr großer Erfahrung mit dem eigenen Gerät. Anfangs vergisst man da schnell mal eine Einstellung und schon ist die geplante Transalp für die Katz´.)

Tipp: Am sichersten ist, man speichert sich die Route im GPX-Format ab und konvertiert (wandelt um) diese GPX-Route bei www.gpsies.com zu einem GPX-Track. Wie bereits gelernt: den GPX-Track kann man sich in der Wunschfarbe im Gerätedisplay anzeigen lassen und auch wenn man sich von dieser wegbewegt, bleibt sie unverändert und zeigt immer die eigentlich geplante Tour an. Der Edge hält sich aus allen Berechnungen heraus. Man weiß genau, wo man vom Weg abgekommen ist, welchen Teil man verpasst hat und kann eigenständig Wege wählen, um zur Tracklinie am Display wieder zurück zu finden. Zusätzlich kann man auch ein Routing starten, um auf die Tracklinie zurück geführt zu werden (in der Kartenansicht auf die Tracklinie mit dem thumb stick klicken, bis die Auswahl „Gehe zu" erscheint; diese dann starten).

Nicht verwechseln:

- Routen zu Tracks umwandeln ist in Ordnung und kann die Arbeit beim Planen erleichtern.

- Tracks zu Routen umwandeln macht jedoch keinen Sinn – Finger weg! –

Beachte auch, dass in der Garmin-Software „MapSource" oder „BaseCamp", das Höhenprofil nur angezeigt wird, wenn eine topografische Karte im Karten-Auswahlmenü ausgewählt wurde. Straßenkarten enthalten keine Höheninformationen.

Für Programme, die die Gesamthöhenmeter im Voraus angeben, sei auch erwähnt, dass es sich dabei um einen theoretischen Wert handelt. Durch die Summierung, der im Einzelnen um vielleicht nicht einmal 1m abweichenden Höhenangaben, die auf dem gezeichneten Track erkannt werden, kann sich in der Summe eine doch sehr große Abweichung zu den tatsächlich zu fahrenden Höhenmetern ergeben. Daher kann es vorkommen, dass der gleiche Track, beim Öffnen in einer anderen GPS-Software, auch einen anderen Gesamtaufstiegswert anzeigt. Bei unseren Erfahrungen der Trackerstellung in den „MagicMaps"-Karten, waren es bisher zum Glück immer mehr geplante, als tatsächlich zu fahrende Gesamthöhenmeter, ca.10-20% mehr Höhenmeter.

Solange es in Garmin´s Kartenprogrammen noch nicht möglich ist, kann man für das Ermitteln der zu erwartenden Gesamthöhenmeter einer Tour, die kostenlose „GPS-Track-Analyse"-Software sehr gut nutzen. Hierin kann der/die gezeichnete GPX-Track/Route geöffnet werden und im Programmfenster „Statistik" unter vielen anderen Gesamtwerten, auch der Wert der „überwundenen Höhe, bergauf" abgelesen werden. Dieser Wert war in unseren Tests bisher immer etwa 5-15 % größer, als der barometrisch ermittelte und tatsächlich gefahrene Wert im Edge (mehr zur Software im Kapitel 5- weitere Auswertungstools).

Das wahre Ergebnis zeigt nur der <u>barometrisch</u> gemessene „Gesamtaufstieg" im Edge-Display in der Fahrradcomputeransicht, mit der Datenfeldauswahl „Anstieg ges." an. Der Edge605, ohne barometrischen Höhenmesser, kann die Höhe nur per GPS messen, was in der Tagessumme eine viel zu große, bis sinnlose Abweichungen ergeben kann. Bei einer MTB-Tour, wo es auch mal nur wenige Höhenmeter rauf und runter geht, wird das oft gar nicht erfasst und am Ende des Tages mit 2.500 gefahrenen Höhenmetern könnten bei der GPS-Messung schnell mal 1.000 Höhenmeter fehlen. Daher zeigt der Edge605 den Gesamthöhenwert gar nicht erst an.

Das <u>Erstellen einer Route</u> kann sehr zügig vonstatten gehen, wenn man mit der Wegberechnung der Software einverstanden ist. Die Nutzung im Edge kann allerdings bei einer kreisförmigen Route zu Problemen führen, da der Edge nicht verstehen kann, warum man sich nicht direkt zum Ziel begeben will. Die Routennavigation in eine Richtung klappt dafür tadellos. Für die Planung ist eine routingfähige Karte am PC notwendig. Dafür eignen sich die Garmin -Straßenkarten, sowie auch alle neueren topographischen Karten von Garmin, welche jetzt nach und nach ebenfalls auf allen Wegen Routen berechnen können.

In MapSource beginnt man für die Erstellung einer Route, mit den Voreinstellungen (Bearbeiten>Voreinstellungen>Routing), um die entsprechende Art der Fortbewegung, die dazugehörige Geschwindigkeit und Vermeidung bestimmter Wege festzulegen. In BaseCamp wiederum, zeichnet man zuerst die Route und ändert dann die „Routenpräferenz"(Einstellungen) nach Wunsch. Diese findet man auf der Registerkarte, direkt unter der Kartenansicht

Mit der Routen(zeichnen)-Funktion (BaseCamp:Werkzeugleiste „Neu, Route") klickt man nur Startpunkt, Zwischenziele, in gleicher

Reihenfolge, wie man sie unterwegs unbedingt anfahren möchte, und den Endpunkt an. Die Software errechnet daraufhin die günstigste Verbindung und liefert sofort Auskunft über die Länge und Dauer der Reise. Wird die Routen in einer topographischen Karte erstellt, erhält man auch das Höhenprofil. Man kann die Route durch Klicks direkt in die Karte erstellen oder wenn die Ziele weiter auseinander liegen, mit Hilfe der „Suchen"-Leiste (über der Kartenansicht) Start, Ziel und Zwischenziele suchen, dort zuerst die Zwischenziele als Wegpunkte erstellen und danach diese, in der linken Spalte, neben der Kartenansicht gemeinsam markieren. In BaseCamp wird die gesamte Markierung mit einem rechten Mouseklick angeklickt und aus dessen Kontexmenü „Route mit ausgewählten Wegpunkten erstellen" gewählt. Nachträglich kann die Reihenfolge, der abzufahrenden Wegpunkte, unterhalb der Kartenansicht auf der Registerkarte „Eigenschaften" verändert, und mit dem Button „Autoroute berechnen" neu berechnet werden.

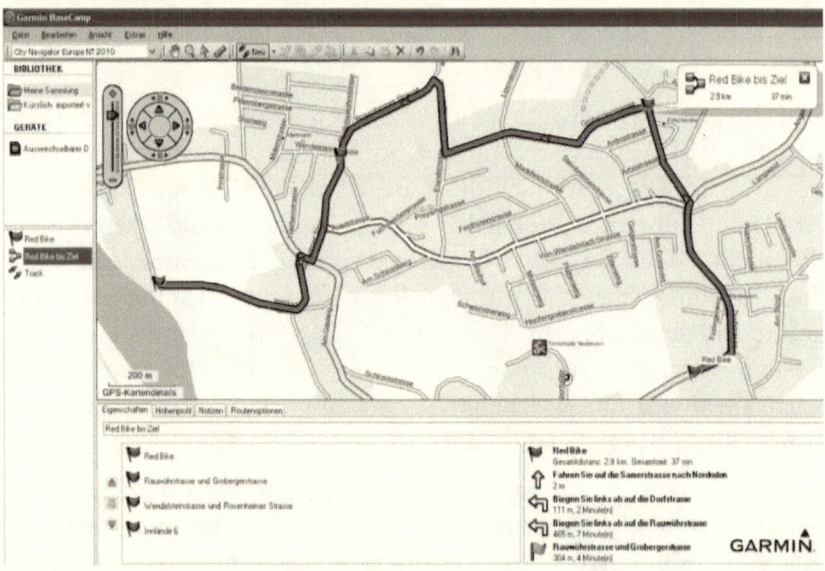

Abbildung 4-10 Route in BaseCamp Software

Diese Route speichert man sich im GPX-Format ab, um sie dann in den GPX-Ordner des Gerätespeichers zu schieben. ...oder wählt in BaseCamp mit einem rechten Mouseklick auf die links in der Liste angewählten Route „senden an" > „erkanntes Gerät".

Im Gerät liegen die gesendeten Routen im gleichen Speicher, wie Tracks: Menu >Zieleingabe >„Gespeich.Strecken". Man kann sie hier nur am Namen erkennen, den man beim Erstellen vergeben hat Erst durch Anklicken mit dem thumb stick treten weitere Unterschiede in Erscheinung:

- Bei einer Route stehen nur die Aufgaben „Nav-Start" und „auf Karte kopieren"zur Auswahl;

- während ein Track zusätzlich noch die Aufgaben „Karteneinstellungen" und „Lösche…" ermöglicht.

Man kann also im Edge keine Routen löschen, nur über den PC.

Zum Starten der Route im Edge, müssen natürlich dort die gleichen Routingoptionen eingestellt werden, wie am PC, da die Route auch gleich berechnet werden soll. Die Route bleibt also nicht unbedingt unverändert, wie man sie am PC ausgearbeitet hatte. Es bleiben nur Start-, Endpunkt und die Zwischenziele gleich. Der Weg dazwischen wird immer neu errechnet, auch anhand der eigenen Position unterwegs korrigiert, sollte man sich von dieser Route wegbewegen. Hat man also in der Software am PC die Routingeinstellung für „Auto/Motorrad" ausgewählt und im Edge die des Fußgängers, so kann der vorgeschlagene Weg zum Ziel oder nächsten Zwischenziel, ein ganz anderer sein.

Eine andere Art der Vorbereitung einer Tour am PC, könnte auch so aussehen, dass man sich nur die Wegpunkte erstellt von den Zielen, die man erst unterwegs im Edge auswählen will, weil man noch nicht weiß, in welcher Reihenfolge diese angefahren werden sollen. So kannst Du dann unterwegs im Gerät, in den Zieleingabeoptionen, dort unter Suchen>Favoriten>"Favoriten" Deine erstellten Wegpunkte/Ziele sehr schnell und unkompliziert aufrufen und das Routing zu diesem Punkt starten. Es reicht dann also, nur die Wegpunkte als GPX-Datei abzuspeichern (Menüleiste >Exportieren > „Auswahl exportieren").

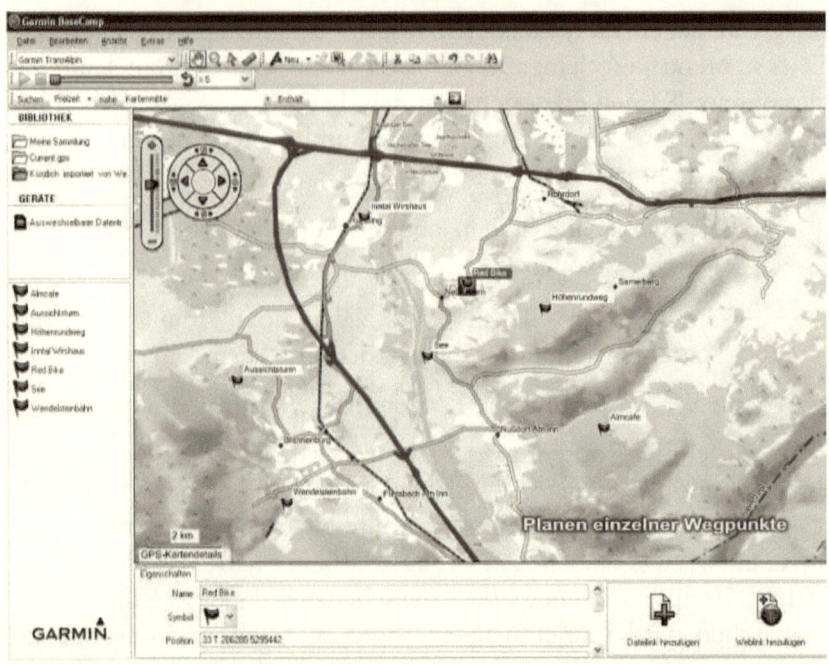

Abbildung 4-11 Wegpunkte erstellen, für schnelle Zielauswahl für Routen

Wegpunkte mittels Koordinaten erstellen

Inzwischen ist es ja oft schon so, dass man im Internet Anfahrts-beschreibungen mit der Koordinatenangabe findet, oder auch in Google Earth mit der Suchen-Funktion ganz schnell einen Punkt aufstöbern kann. Aber wie bekommt man diesen Wegpunkt in den Edge, wenn kein Download-Link verfügbar ist?

Beispiel: Gib in Google Earth, in das „Suchen" -Feld einen Ort oder ein Merkmal ein, nachdem Du suchen möchtest. Sagen wir mal „Red Bike, Neubeuern" und klicke auf die Lupe rechts daneben, um die Suchen-Aufgabe zu starten. In der Liste darunter, links neben der Kartenansicht, solltest Du daraufhin eine Auswahl von Punkten erhalten, die den Suchparametern am ähnlichsten sind. Darunter sollte also auch „Red Bike, Samerstr.42, 83115 Neubeuern" auftauchen. Klicke diesen Eintrag doppelt mit der linken Mousetaste an und der Kartenausschnitt wird um diesen Wegpunkt gezoomt. Klickst Du 1x mit der rechten Mousetaste den Eintrag an, wählst Du im Kontexmenü den Eintrag

„Eigenschaften". Im Eigenschaftsfeld dieses Wegpunktes findest Du die Koordinaten:

Breite: 47° 29.520'N

Länge: 11° 5.101'E

Sollte das Format Deiner Koordinatenanzeige anders aussehen, kannst Du das in den Einstellungen ändern (Menüleiste: Tools> Optionen. Auf der Registerkarte „3D-Ansicht", im Feld „Breite/Länge anzeigen", kannst Du das Format ändern. Das hier dargestellte Beispiel ist in „Grad,Dezimalminuten").

Nun öffnest Du Deine Kartensoftware am PC und erstellst einen Wegpunkt. In MapSource wählst Du in der oberen Werkzeugleiste den Button mit dem grünen Fähnchen, und klickst anschließend wahllos in die Karte. Es öffnet sich das Eigenschaftsfenster, wo Du nun in der Zeile „Position" die Koordinaten eintragen kannst. Wichtig ist natürlich jetzt, dass in dieser Kartensoftware das gleiche Koordinatenformat wie in Google Earth, eingestellt ist. Nur wird die Positionsangabe in der Garmin-Software in einer Zeile und ohne das Grad- u.Minuten-Symbol geschrieben. Die Position des wahllos angeklickten Punktes sollte in MapSource oder BaseCamp also so aussehen:

N47 29.520 E11 05.101

Ist das nicht der Fall, schließe das Eigenschaftsfenster mit „abbrechen". Und wähle in MapSource, in der Menüleiste> Bearbeiten> Voreinstellungen, und hier die Registerkarte „Position". In der Aufklappliste „Gitter" wählst Du den ziemlich weit oben aufgeführten Eintrag „Breite/Länge hddd°mm.mmm´ ". Das Kartenbezugssystem „WGS84" bleibt bestehen. Anschließend kannst Du noch mal mit der Wegpunktfunktion (grünes Fähnchen) wahllos in die Karte klicken, um nun die Positionsangabe von Google Earth in die Wegpunkteigenschaften zu tippen oder kopieren.

Achte beim Kopieren darauf, dass bei der Garmin-Schreibweise das „N" und „E" vor den Zahlen steht und statt dem Gradsymbol ein Leerzeichen gesetzt wird. Klicke anschließend auf „Karte anzeigen" (womit sich die Karte um diesen Punkt zentriert) und beende die Wegpunktbearbeitung mit „OK".

In BaseCamp ist das etwas ähnlich. Hier ruft man die Wegpunktfunktion allerdings in der Werkzeugleiste mit dem Listenaufklapp-Pfeil, rechts neben „Neu", auf:

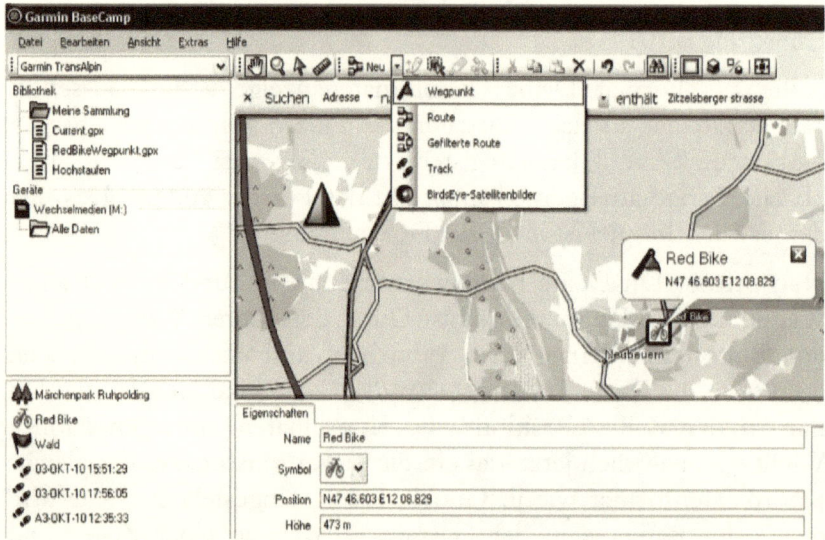

Abbildung 4-12 Wegpunkt erstellen in BaseCamp

Die Eigenschaften werden in BaseCamp gleich unter der Kartenansicht angezeigt. Man braucht hier also keine weiteren Fenster zu öffnen, um den Wegpunkt zu bearbeiten. Möchte man das Positionsformat ändern, findet man dieses in der Menüleiste, unter „Extras> Optionen", auf der Registerkarte „Allgemein".

Nur die Höhe ist nun noch die Falsche. Denn es ist noch die, des wahllos angeklickten Punktes der topographischen Karte, mit 700m ü.NN (wurde der Wegpunkt in der Straßenkarte erstellt, ist im Moment noch gar keine Höhenangabe eingetragen). Die richtige Höhe kannst Du nun dadurch ermitteln, dass Du in der Werkzeugleiste den Zeigepfeil anklickst und mit diesem in der Karte, um den Wegpunkt herum nach Höheninformationen suchst. Auf alle Fälle sollte sich eine Höhenlinie in der Nähe befinden, die Dir weiterhilft. Zeige auf sie und die Höhe wird eingeblendet. Trage dann den entsprechenden Wert in die Zeile, bei „Höhe" ein.

Den erstellten Wegpunkt speicherst Du als GPX-Datei ab und kopierst diese wieder in den GPX-Ordner im Edge-Gerätespeicher (in BaseCamp: links in der Liste gewünschten Wegpunkt markieren, über Menüleiste> Datei> Exportieren> „Auswahl exportieren); (in MapSource: Menüleiste> Datei >"Speichern unter").

Ganz egal, in welcher Software man die Tour erstellt, egal ob als Track, als Route oder nur einzelne Wegpunkte... Am Ende sollten die Objekte auf alle Fälle im GPX-Format abgespeichert werden können, oder in einem Format, was man auf www.GPSies.com mit dem Konverter in das GPX-Format umwandeln kann.

GPX-Dateien werden in den GPX-Ordner im GARMIN-Ordner im Gerätespeicher abgelegt:

- entweder durch die BaseCamp-Software (Objekt(e) markieren und mit rechtem Mouseklick „senden an" > „erkanntes Gerät", wobei bereits gesendete Daten überschrieben werden/

- oder mit der hier schon ausgiebig beschriebenen Drag&Drop Funktion im Arbeitsplatz-Explorer, bei der man jede Datei x-beliebig benennen und somit auch ordentlich verwalten kann.

eigene Wegpunkt-Symbole erstellen

Wer dem Wegpunkt, in der Karte, am PC, gern sein eigenes Symbol geben möchte, kann sich hierfür jedes x-beliebige gut erkennbare Bildchen in einer Größe von 16x16 Pixel im Bild-Dateiformat „bmp" abspeichern.

Der Speicherort für diese benutzerdefinierten Symbole ist der Ordner „Benutzerdefinierte Wegpunktsymbole" der sich automatisch im „Mein Garmin" -Ordner unter „Eigene Dateien", mit der Karteninstallation auf Deinem Rechner erstellt haben sollte. Ist das nicht der Fall, legst Du dort einfach einen neuen Ordner mit rechtem Mouseklick „Neu", dann „Ordner" an, den Du genau so benennst.

Der Name Deiner Bilddatei muss aus 3 Zahlen bestehen. Schaue am besten zuerst in dem bereits vorhandenen Ordner nach, welche Bilddateien dort schon bestehen, welche Nummerierung sie besitzen, und gib Deinen Symbolen die nachfolgenden Nummerierungen, als z.B. 020.bmp .

In MapSource und BaseCamp findest Du dann Deine Symbol-Auswahl in den Wegpunkteigenschaften, bei den Symbolen unter „Benutzerdefiniert".

Im Edge kannst Du diese Symbole jedoch nicht nutzen.

Trainings erstellen

Wie man es von Fitnessgeräten, wie Ellipsentrainer, Ergometer oder Laufband gewohnt ist, besitzen solche Geräte eine Vielzahl vorprogrammierter Trainingsprogramme, mit denen man den eigenen Schweinehund leichter bezwingen kann und zum Absolvieren eines ablenkenden Trainingsprogramms animiert. Im Edge ist das nicht anders bzw. noch eine Stufe besser. Mittels TrainingsCenter kann man sich eigene Trainingseinheiten/ Trainingsprogramme, anhand einer Menge von vorprogrammierten und einstellbaren Intervallschritten erstellen, im Kalender planen und an den Edge senden.

Installiere dazu das TrainingsCenter(TC) und richte Dir zuerst ein Benutzerkonto mit den dazugehörigen Puls- oder Tempobereichen ein. Ist Dir der Umgang im TC noch nicht geläufig, dann lies Dir zuerst Kapitel5-Auswertung am PC, Kapitel Auswertung im TC-, durch.

Zum Erstellen eines Trainings wechselst Du in das Programm-fenster „Trainings". Klicke in der linken Spalte, den Ordner „Radfahren" an. Mit einem weiteren Doppelklick auf eine, dort bereits vorinstallierte Trainingseinheit, öffnet sich das Fenster zum Bearbeiten dieses Trainings.

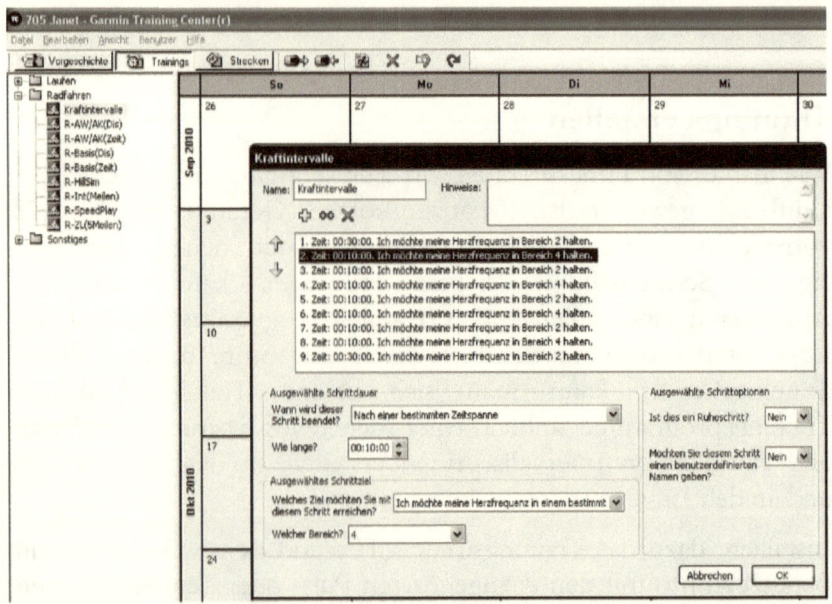

Abbildung 4-13 TC: Trainings erstellen und planen

Hier kannst Du jeden einzelnen Schritt bearbeiten. Vorgehen: Kopiere Dir am besten zuerst ein ähnliches Training, in der Liste, im Radfahren-Ordner mit einem rechten Mouseklick, und wähle im Kontexmenü „Training duplizieren". Oder erstelle ein neues Training über die Menüleiste > Bearbeiten > „Neues Training".

Das duplizierte oder neue Training kannst Du nun nach Herzenslust verändern und benennen (mit Doppelklick Bearbeitungsmodus öffnen). Den detaillierten Ablauf, findest Du in der Menüleiste> Hilfe> Inhalt (F1): „Trainings erstellen".

Um das Training nun einzuplanen, kannst Du entweder die erstellte Trainingseinheit in der linken Liste, mit der linken Mousetaste anklicken und mit gehaltener Mousetaste in den entsprechenden Kalendertag ziehen. Oder Du klickst mit einem rechten Mouseklick auf das Training, wählst im Kontexmenü „Training planen", worauf sich ein kleiner Kalender öffnet, in dem alle Tage angewählt werden können, an denen diese Trainingseinheit stattfinden soll. Mit „OK" werden die ausgewählten Termine in die große Kalenderansicht übernommen. Nun noch den Edge mit dem PC verbinden und den Button „An Gerät senden" anklicken.

Im Edge findet man die eigens programmierten Trainings unter: Menu > Training > Trainingsarten > Erweitert > „Heute" oder „nach Datum". Rufe das entsprechende Training zum Absolvieren auf („Training starten") und starte schließlich mit der „start/stopp"-Taste Deine Bewegung. In der „mode"-Seitenfolge taucht somit die zusätzliche „Trainingsarten"-Seite auf, die nun die genauen Informationen zur absolvierenden Trainingseinheit anzeigt. Dieser kannst Du entnehmen, wie lange und in welchem Bereich, das aktuelle Trainingsintervall gefahren werden soll. Mit Druck auf den thumb stick kannst Du zur Intervallvorschau wechseln, wo Du sehen kannst, welcher Schritt als nächstes im Trainingsprogramm folgt.

Der Edge meldet sich mit Piepstönen beim nächsten Trainingsschritt und unterteilt die Trainingsaufzeichnung automatisch (setzt Runden) an den vorprogrammierten Intervallabschnitten. Über- oder unterschreitest Du die vorgegebenen Bedingungen (z.B. Pulsbereich), meldet sich der Edge alle 10 Sekunden mit sehr eindringlichen Piepstönen, solange, bis Du Dich wieder im programmierten Bereich befindest.

Der Edge erinnert Dich beim Einschalten jedoch **nicht**, an das heute anstehende Training.

Kapitel 5 - Auswertung am PC

Während der Tour hat der Edge nun allerhand Daten gesammelt, auf dessen Auswertung man sicher schon gespannt ist. Sei es das Höhenprofil, nun in seiner gewaltigen Gesamtheit zu sehen, oder die Track-Linie in der Karte, mit der man noch einmal zurück verfolgen kann, wo man überall gewesen ist, oder ob es die Fahrtdaten sind, die über den Tag ermittelt, gewaltige Informationspakete liefern. Bis ins kleinste Detail lassen sich diese Aufzeichnungen, je nach verwendeter Software, zerlegen und analysieren.

Was unterwegs schnell einmal als „Normal" hingenommen wurde, versetzt nachträglich oft zum Staunen und erinnert schneller an spezielle Schlüsselstellen zurück, denen man nach einer anstrengenden Tour kaum noch Bedeutung schenkte.

Aufzeichnung in BaseCamp / MapSource öffnen

Nun gibt es auch Edge-Besitzer, die gar nicht an Ihren Fitnesswerten interessiert sind, sondern den praktischen Fahrradcomputer nur zur Navigation nutzen. Für diejenigen wird die TrainingsCenter -Software ein unverständliches Datengewirr und überhaupt nicht Sinn ihrer Interessen sein.

Daher führen wir die Möglichkeit der GPS-Daten Auswertung in der Kartensoftware hier kurz mit auf. Denn ganz ohne Umschweife, kann man auch mit der BaseCamp-Kartensoftware auf die im Gerät liegenden Aufzeichnungen zugreifen:

Edge mit dem PC verbinden, BaseCamp öffnen, warten, bis die Daten aus dem Edge geladen wurden. In der linken Spalte auf „Alle Daten" unter dem erkannten Gerät klicken, und schon werden in der unteren Spalte, unter evtl. vorhandenen Wegpunkten, die aktuellen Aufzeichnungen mit Datum und Uhrzeit aufgelistet. Diese kann man nun einzeln anklicken, oder mit einem Doppelklick die Aufzeichnung optimal in der Karte zentrieren. Darunter sieht man auch schon alle Eigenschaften der Aufzeichnung, wie auch das Höhenprofil. (Sämtliche Trainingsdaten, wie z.B. Zwischenzeiten können nur in der TrainingsCenter Software ausgewertet werden.)

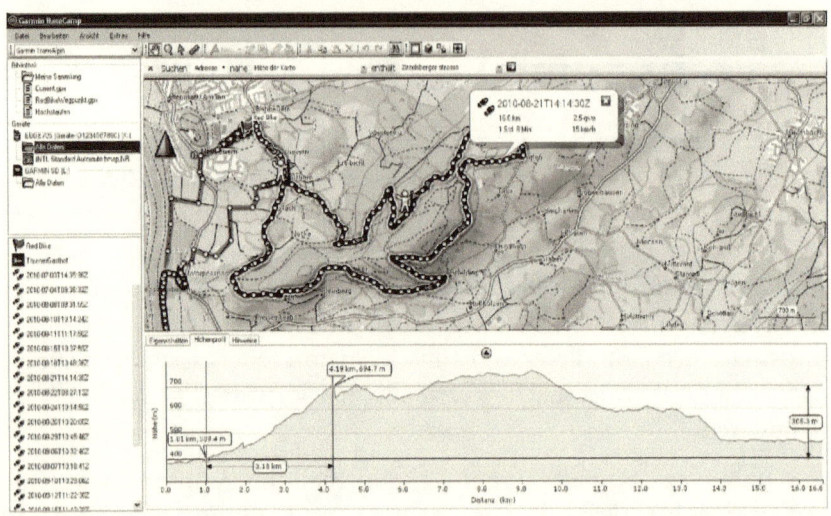

Abbildung 5-1 Aufzeichnungen direkt aus dem Gerätespeicher auslesen

Um den Track bearbeiten zu können, z.B. Verfahrwege rauszulöschen, muss man ihn zuerst aus dem Edge-Gerätespeicher in einen Ordner in den PC legen. Das kann man direkt in BaseCamp erledigen. Dazu: den gewünschten Track in der linken, unteren Spalte, mit rechter Mousetaste anklicken und „senden an" z.B. „Meine Sammlung" wählen. Das ist der Ordner in der Bibliothek, die im oberen Teil der Spalte, links neben der Kartenansicht zu sehen ist. Die Bibliothek ist also der Speicherort auf der PC-Festplatte. Externe Laufwerke, wie der Edge-Gerätespeicher und die Micro-SD-Karte werden darunter, einzeln aufgeführt. Eine direkte Bearbeitung der im Edge liegenden Objekte ist nicht möglich. Auch Wegpunkte können so nicht aus dem Gerät gelöscht werden. Wegpunkte werden mittels Windows-Explorer oder am Edge selbst gelöscht.

(Über die Grenzen der Möglichkeiten in BaseCamp ist jedoch noch kein abschließendes Wort gesprochen. Die Entwicklung schreitet derzeit weiter voran und jedes Update bringt weitere Neuigkeiten ans Licht.)

Verfügt man vielleicht sogar über einen Fotoapparat mit GPS-Funktion (wo jede Fotodatei auch die GPS-Koordinaten enthält), kann man diese hier in BaseCamp, als Wegpunkte auf dem Track erstellen lassen (rechter Mouseklick auf den Track, „Fotos mithilfe von Track mit Geo-Tags hinzufügen", dann Pfad angeben, wo der Ordner mit den dazugehörigen Fotos liegt).

Hat man die gewünschte Aufzeichnung in „Meine Sammlung" gesendet und dort nach Herzens Lust bearbeitet/ausgesäubert, muss man sich diesen einen Track mit Wegpunkten nun nur noch für die Ewigkeit abspeichern. Denn die Bibliothek in BaseCamp, ist kein, für die Ewigkeit sicherer Speicherort.

Als ordnungsliebender Mensch speichert man sich jeden Track einzeln (inkl. zugehöriger Wegpunkte, wie z.B. Parkplatz/Start der Tour, schöne Ausblicke, Wasserstellen, bewirtschaftete Alm) in einer GPX-Datei auf der PC-Festplatte, oder wo auch immer, mit einem klar zu identifizierenden Namen ab, z.B. „Wendelstein.gpx".

Es spricht allerdings auch nichts dagegen, alle Aufzeichnungen, die sich aktuell im Gerätespeicher befinden, in einer GPX- oder GDB-Datei abzuspeichern: Dazu alle markieren, über Datei> Exportieren>"Auswahl exportieren" wählen. Im Prinzip ist es egal, ob im Garmin-Format „gdb"- oder im universellen „gpx"-Format abgespeichert wird. Da es sich aber um sehr viele, umfangreiche Objekte in einer Datei handelt, und man diese sicher selber noch einmal öffnen wird, ist in diesem Fall das „gdb"-Format empfehlenswerter, da es sich mit BaseCamp oder MapSource schneller wieder öffnen lässt, als eine große GPX-Datei.

Um aber solche immensen Aufzeichnungen besser verwalten zu können, ist die TraininsCenter-Software besser geeignet.

Noch ein kurzer Blick zu **MapSource** für diejenigen, die dieses Programm schätzen und lieben gelernt haben. Hier ist solch komplexes Öffnen der Aufzeichnungen aus dem Gerätespeicher nicht möglich. Jedoch kann man hier jede, mit GPS aufgezeichnete TCX-Trainingseinheit, einzeln öffnen. In MapSource greifst Du dazu über Datei> Öffnen, im erscheinenden Dialogfenster auf den Gerätespeicher des Edge´s zu. Dort öffnest Du den „Garmin"-Ordner und anschließend noch den „History"-Ordner, in dem alle Aufzeichnungen, nach Datum sortiert, abgespeichert liegen. Klicke eine Datei an, und Du wirst diesen Track in der Kartensoftware finden. Dieser kann nun bearbeitet, und in sauberer Form im GPX-Format für alle Ewigkeiten abgespeichert werden.

Aber auch, die aus dem TrainingsCenter exportierte Vorgeschichte (welche mehrere Trainings-Aufzeichnungen in einer Datei enthält, tcx-Format), kann in MapSource geöffnet werden und alle, in Ihr befindlichen GPS-Aufzeichnungen, auf einmal angezeigt werden.

Ein weiteres Highlight ist die Ansicht der aufgezeichneten Tour in GoogleEarth. Direkt in BaseCamp markiert man in der linken Liste den Track/Wegpunkt, der im Satellitenbild angezeigt werden sollen. Über die Menüleiste > Ansicht >"In GoogleEarth ausgewählte Elemente" wird GoogleEarth geöffnet, fliegt an die Position der Trackaufzeichnung und stellt diese im Satellitenbild dar. So kann man sich sehr übersichtlich sein eigenes Tourenportal anlegen, denn beim Verlassen von Google-Earth, können die bereits darin geöffneten Aufzeichnungen abgespeichert werden, um beim nächsten Öffnen sofort zur Verfügung zu stehen. So sieht man auf einen Blick, welche Touren man mit dem GPS-Gerät bereits gefahren ist. (Auch aus MapSource ist der direkte Sprung zu GoogleEarth möglich: Menüleiste> Ansicht> „in GoogleEarth anzeigen…".)

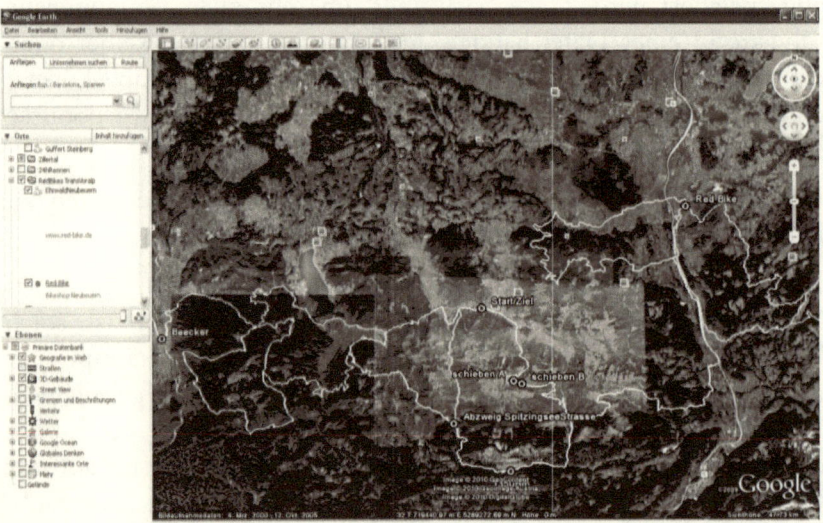

Abbildung 5-2 die eigene Tourenübersicht in GoogleEarth

Auswertung im TrainingsCenter (TC)

Wem seine Fitnesswerte, und/oder die detaillierte Übersicht und Verwaltung aller geleisteten Trainingseinheiten wichtig sind, sollte unbedingt das TrainingsCenter für den ersten Kontakt vom Edge zum PC, nutzen. Die Software steht den Nutzern eines Garmin GPS-Gerätes, als kostenloser Download bereit:

www.garmin.de>Extras> Downloads: „TrainingsCenter". Dort die neueste Version für Windows oder Mac auswählen (ohne ANT-Agent).

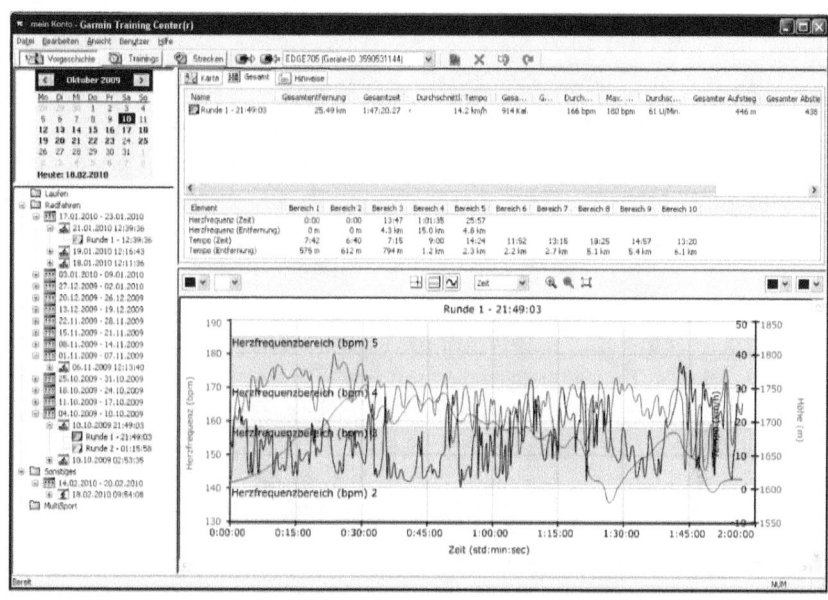

Abbildung 5-3 TrainingsCenter: Programmfenster „Vorgeschichte"

Dieses Programm ist in erster Linie für die genaue Auswertung der Trainingsdaten von Garmin GPS-Trainingsgeräten konzipiert. Es bietet keinerlei Möglichkeiten, Tracks in ihren GPS-Eigenschaften zu bearbeiten. Stattdessen findet man hier die detaillierte Auflistung aller Werte der aufgezeichneten Trainings, kann Trainingseinheiten miteinander vergleichen, um den Trainingsfortschritt genau zu beobachten, kann sich einen Trainingsplan erstellen, um die gewünschte Fitness zum gestellten Ultimatum zu erreichen und vieles mehr. Daher bietet es dem Fitnessbiker eine faszinierende Unmenge an Informationen zu aufgezeichneten Trainingseinheiten.

Erstelle Dir zuerst ein Benutzerkonto, damit Deine Trainingsdaten von Deinem Edge richtig zugeordnet werden können: Menüleiste > Benutzer > „Neuen Benutzer hinzufügen". Vergib dem Konto einen Namen nach Wunsch und setze das Häkchen bei „diesem Konto ein neues Gerät hinzufügen", sobald der Edge per USB-Kabel angeschlossen ist. Bestätige mit „OK".

Einige Benutzerprofildaten, wie persönliche Daten, Herzfrequenz- und Tempobereiche, die Du im Edge, im Einstellungsmenü mühsam eingeben kannst, kannst Du hier im TrainingsCenter über die Menüleiste> Benutzer> „Profil für..." leichter eintippen und werden beim Daten „von Gerät empfangen" -Vorgang, zum Edge übertragen, sobald man im erscheinenden Dialogfenster „Daten in diesem Programm beibehalten" auswählt.

Der erste Schritt, um Daten vom Edge in den PC zu holen, sollte also immer im TrainingsCenter, mit dem Button „von Gerät empfangen" erfolgen. Mit diesem einen Klick werden alle Daten übertragen, die sich im Protokollspeicher des Edge´s befinden und werden in der linken Spalte automatisch in der Sportart „Radfahren", nach Datum aufgelistet. Eine andere Sportart ist im Edge nicht einstellbar. Allerdings kann man mit einem rechten Mouseklick auf die entsprechenden Termine die „Aktivität verschieben". Es öffnet sich ein Dialogfenster, in dem ein anderer Sportarten-Ordner ausgewählt werden kann. Datumsangaben können nicht umbenannt werden, z.B. würde man eine Tour oft schneller finden, wenn man den Namen in der Trainingsauflistung lesen könnte. Doch das geht leider nicht.

Die Trainingsaufzeichnungen werden hier, im TrainingsCenter, im Programmfenster „Vorgeschichte" verwaltet. Das heißt, alle Daten bleiben hier gespeichert, auch wenn das Programm geschlossen und wieder geöffnet wird. Beim nächsten „Daten holen vom Gerät" werden die neuen Daten einfach dazu gelegt und die Liste wird immer länger.

→ Tipp: Jedoch ist es keine sichere Methode, sich auf eine Software zu verlassen, gerade wenn einem die Daten sehr wichtig sind. Daher empfehlen wir unbedingt, von Zeit zu Zeit, die gesamte Vorgeschichte von diesem Benutzerkonto, also alle Aufzeichnungen, die sich in der linken Liste angesammelt haben, als eine gesamte „Sicherungs"-Datei zu exportieren. Man speichert sich also somit die gesammelte Trainings-Vergangenheit ab: Datei >Exportieren > „Vorgeschichte" unbedingt im tcx-Format mit einem klar zu identifizierendem Namen, z.B. „Edge705 ab20100401.tcx" = Gerät mit JahrMonatTag. So kann man gleich feststellen, welche Trainings, aus welchem Zeitraum, sich in dieser Datei befinden, bevor man sie im TrainingCenter importiert (öffnet), was bei einer Datei mit Aufzeichnungen über eine gesamte Saison, doch ein paar Minuten dauern kann.

Je nach Trainingsumfang, vielleicht mit Beginn der neuen Saison, empfiehlt es sich, ein neues Benutzerkonto anzulegen und von nun an, dort die neuen Trainingsaufzeichnungen vom Edge hoch zuladen. So wird der Datenumfang pro Konto (und die Sicherungsdatei) nicht zu groß, die Schnelligkeit beim Start des TrainingsCenters bleibt erhalten (da immer nur ein Konto geladen wird und erst bei Benutzerwechsel ein anderes) und trotzdem kann man, schnell noch einmal auf die alten Daten vom Vorjahr zurückgreifen. Irgendwann wird man die Vorjahresdaten gar nicht mehr benötigen und kann das gesamte alte Benutzerkonto löschen. Die Sicherungs-Datei des damaligen Kontos hat man ja immer noch, um diese bei Interesse noch einmal, in irgendeinem „Test"-Konto aufzurufen.

Nach dem Trennen des USB-Anschlusses („Hardware sicher entfernen" über grünen Pfeil in Taskleiste rechts unten), kann man den Edge einschalten und unter Menu> Protokolle> die soeben übertragenen Aufzeichnungen für immer „löschen". Vergisst man dies, macht das auch nichts. Die alten Trainingsdaten bleiben im Protokollspeicher so lange liegen, bis der Speicher voll ist (1.000 Runden) und von den neueren Daten überschrieben werden.

Die Darstellung im TrainingsCenter

Rechts neben der Liste aller Trainingsaufzeichnungen befinden sich 3 weitere, übereinander liegende Darstellungsfenster mit der „**Karte**"nansicht, den „**Gesamt**"daten und den eigenen „**Hinweise**"n zur angewählten Trainingsaufzeichnung.

Im Fenster „Gesamt" kannst Du mit einem Rechts-Mouseklick auf die Bezeichnerleiste der Daten (bei Name, Gesamtentfernung, Durchschnittl.Pace…), an- oder abwählen, welche Werte angezeigt werden sollen. Unterhalb dieser Daten liegt die Splittung Deiner Trainingsbereiche nach Zeit und Entfernung, anhand Deiner eingetragenen Herzfrequenz- und Tempobereiche.

Im unteren Teil des gesamten TC-Fensters findet man die grafische Darstellung von bis zu 4 Trainingswerten, als Linie im Diagramm. Klicke dazu eine Trainingsaufzeichnung in der linken Liste an.

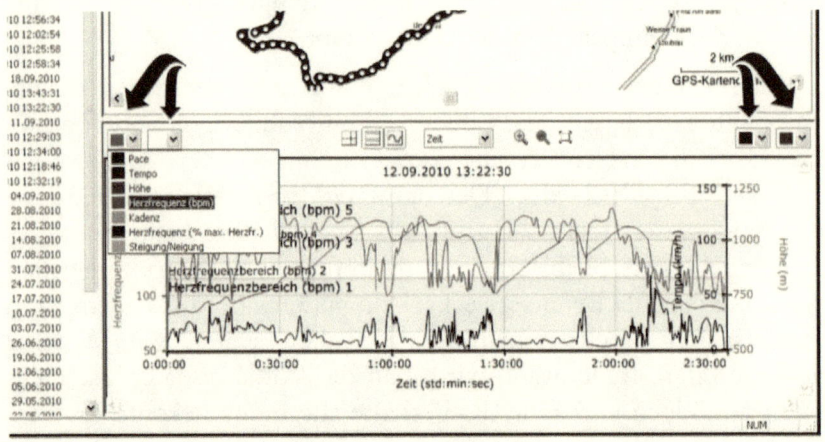

Abbildung 5-4 TC: Diagrammwerte auswählen

Zeige auf die Listen-Aufklapppfeile oberhalb des Diagramms und wähle in jedem der 4 Fenster einen anderen Wert (mit Farbe) aus, der Dich am meisten interessiert. Der 1. Wert von links, bestimmt den Hintergrund des Diagramms. Trainierst Du nach Pulswerten, wählst Du im ersten Aufklappmenü, die Farbe „rot-Herzfrequenz (bpm)" aus. Somit werden die Pulsbereiche im Hintergrund über die gesamte Diagrammbreite als hell- und dunkelgraue Zeilen dargestellt. Ist die Auswahl von Herzfrequenz nicht möglich, hast Du gerade eine Aufzeichnung angeklickt, wo Du ohne Pulsmesser gefahren bist. Wähle ein anderes Training, um die Grundeinstellung einzurichten. Trainierst Du nach Tempobereichen, ist es der dunkelblaue Wert, den Du im ersten Aufklappmenü wählst. Am interessantesten dürften wohl die Werte: Puls, Geschwindigkeit und Höhe sein. Irritiert Dich eine 4.Linie, wähle einfach in einer Aufklapp-Liste die Farbe „weiss - kein Wert" aus.

Und wie schon gewohnt, kann man sich auch hier, die angeklickte Trainingseinheit direkt in Google-Earth anzeigen lassen, sofern diese GPS-Daten enthält (Menüleiste: Ansicht> in GoogleEarth anzeigen>...). Das Training auf der Rolle eignet sich dafür also nicht.

Im TC können auch zwei <u>Trainingseinheiten miteinander verglichen</u> werden, meist von der identischen Trainingsrunde. Klicke dazu mit der rechten Mousetaste auf das eine Datum der Trainingsaufzeichnung und wähle im Kontexmenü „Aktivität vergleichen mit...". Im erscheinenden Dialogfenster wählt man das 2.Training, was zum Vergleich herangezogen werden soll. Schließlich öffnet sich das Vergleichsfenster mit den 2 Aktivitäten. In den 2 Aufklapplisten findet man wieder die Werte, die man beim Vergleich verwenden möchte. Mit der Mousebewegung kann man auf der jeweils aktivierten Linie entlang fahren, um im Diagramm den genauen Wert angezeigt zu bekommen.

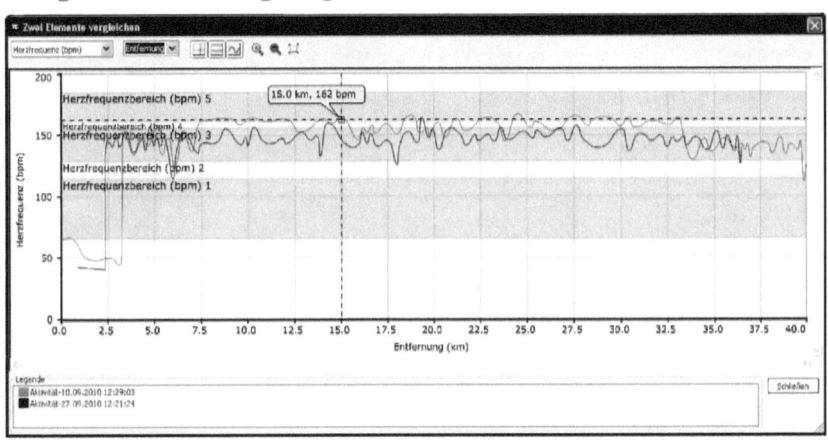

Abbildung 5-5 TC: Trainings miteinander vergleichen

GPX-Dateien im TrainingsCenter öffnen

Sollten sich die Umstände einmal so ergeben, kannst Du im TrainingsCenter auch herkömmliche GPX-Tracks öffnen. Das erfolgt ebenfalls im Programmfenster Vorgeschichte und wird im Ordner „Sonstiges" in der linken Traininsübersichts-Spalte abgelegt. Vorgehen: Datei >Importieren > Vorgeschichte; im erscheinenden Dialogfenster, in der unteren Zeile, den Dateityp „gpx" wählen und im Arbeitsplatzfenster die GPX-Datei auf der Festplatte wählen und „Öffnen" anklicken.

Aber auch andersrum wird ein Schuh draus. Denn, wenn man eine sehr schöne Runde abgefahren ist/aufgezeichnet hat, möchte man diese bestimmt gern weitergeben oder ins Internet stellen. Dazu sollten aber alle überflüssigen Verfahrwege herausgelöscht werden, was ja im TC nicht, sondern nur in einer Kartensoftware möglich ist. Dazu benötigen wir den Track im universellen GPX-Format.

Tracks (GPX) und Strecken (TCX) im TrainingsCenter erstellen

Klicke die gewünschte Trainingsaufzeichnung in der Termin-Liste mit der rechten Mousetaste an. Wähle im Kontexmenü „Strecke aus Aktivität erstellen". Die ausgewählte Trainingseinheit wird zu einer Strecke umgewandelt, die nun keine Zwischenzeiten/unterteilte Runden enthält und in das Programmfenster „Strecken" gelegt. Gleichzeitig wechselt das Programm in den Arbeitsmodus „Strecken". Puls, Höhendaten, Geschwindigkeit etc. sind weiterhin in der Datei vorhanden.

Mit den Registerfähnchen gleich unterhalb der Menüleiste kann man zwischen den verschiedenen Arbeitsmoden hin- und herwechseln.

Hier wird, bis auf die eine, soeben erstellte Strecke, noch gähnende Leere herrschen, wenn Du im Edge noch keine Strecken erstellt hattest. Hier sollten sich auch nie all zu viele Strecken befinden, da beim „An Gerät senden"-Vorgang alle hier liegenden, als Strecken zum Edge übertragen werden, die dort mit dem virtuellen Trainingspartner gestartet/abgefahren werden können. Nicht benötigte Strecken würden so die Dauer des Datentransfers zum Edge unnötig verlängern und die Übersichtlichkeit im Streckenspeicher, im Edge, schmälern. Wie viele Strecken der Edge im Streckenspeicher verkraftet, ist nicht klar definiert. Wir arbeiteten bisher noch nie mit mehr, als 10 Strecken, wobei wir keinerlei Probleme feststellen konnten.

Beim Daten „von Gerät empfangen"-Vorgang werden diese Strecken aus dem Edge („Courses"-Ordner) hier hinein importiert. Daher sind diese Strecken hier immer wieder vorhanden, obwohl man sie im TC evtl. schon mehrere Male gelöscht hatte. Wenn also eine Strecke nicht mehr benötigt wird, muss diese im Courses-Ordner im Edge und im TrainingsCenter im Arbeitsmodus „Strecken" gelöscht werden.

Nachdem man nun eine neue Strecke erstellt hat, benennt man diese ordnungshalber mit einem kurzen (max.15-stellig), klar zu identifizierenden Namen (rechter Mouseklick auf die Strecke > „Strecke bearbeiten"). Anschließend klickt man abermals mit der rechten Mousetaste auf die soeben umbenannte Strecke, wählt nun aber im Kontexmenü „Strecke exportieren...". Es öffnet sich das Dialogfenster mit dem Arbeitsplatzexplorer, um hier den gewünschten Speicherort auszuwählen. In der unteren Zeile, bei Dateityp unterscheidet sich nun die zukünftige Verwendung unserer soeben erstellten Strecke.

- Wählt man hier den gpx-Dateityp, erhält man den universell einsetzbaren GPX-Track, z.B. für die Bearbeitung in einer Kartensoftware.

- Wählt man den tcx-Dateityp, erhält man diese Strecke im Trainingsformat, die man im Edge in den Courses-Ordner speichert oder kopiert und zum Abfahren mit dem virtuellen Trainingspartner nutzen kann.

Auswertung online

Eine andere, sehr übersichtliche Darstellung der aufgezeichneten GPS-Daten bietet Garmin mit seinem Online-Auswertungsportal „Garmin Connect" www.connect.garmin.com

Dieses Portal ist geeignet, um Daten direkt aus dem Edge auslesen zu lassen und im Internet mit anderen zu teilen. Hier können ebenso, wie im TrainingsCenter, alle Fitnesswerte ausgewertet werden, nur geschieht hier eben alles online.

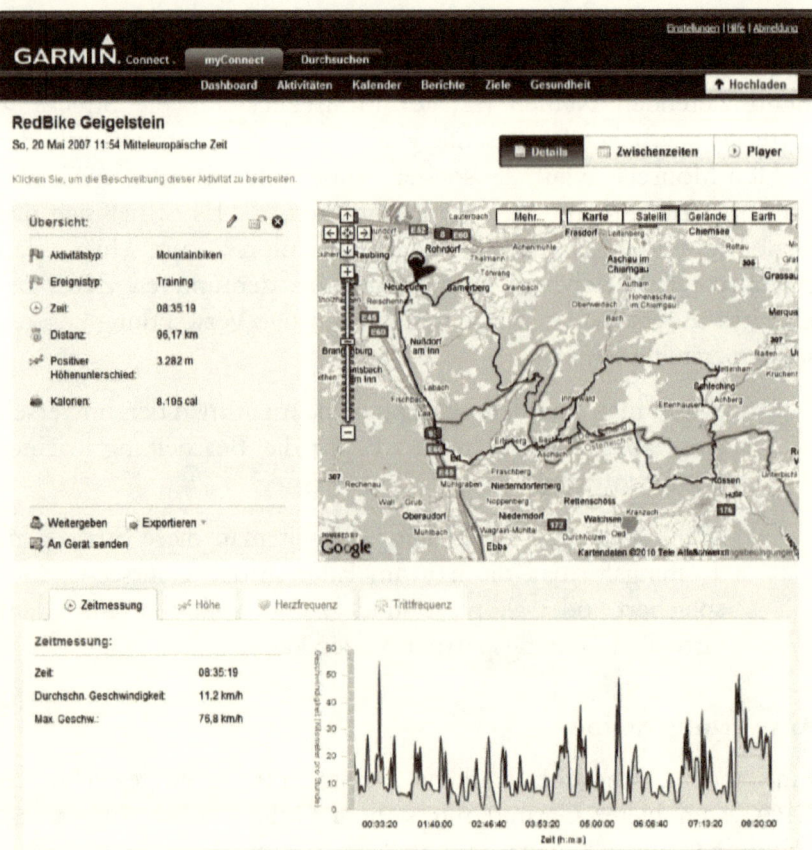

Abbildung 5-6 Garmin Connect – Online Tool zur Trainingsauswertung

Nachdem Du Dir ein Konto angelegt und den Edge mit dem PC verbunden hast, wird er automatisch erkannt und Du kannst die Daten unkompliziert aus dem Gerätespeicher hochladen.

Auf der Registerkarte Dashboard oder Aktivitäten, findest Du Deine bereits schon hochgeladenen Trainingsdaten. Durch einen Klick auf die jeweilige Tour gelangst Du zu den Details mit Höhenangaben, Geschwindigkeit…etc.

In der Funktion „Player" werden alle Daten in verschiedenen Farben im Profil übereinander gelegt und können in einer ablaufenden Animation betrachtet werden.

Berührst Du im Diagramm, eine Linie mit der Mouse, dann werden die Daten von dieser Stelle sichtbar.

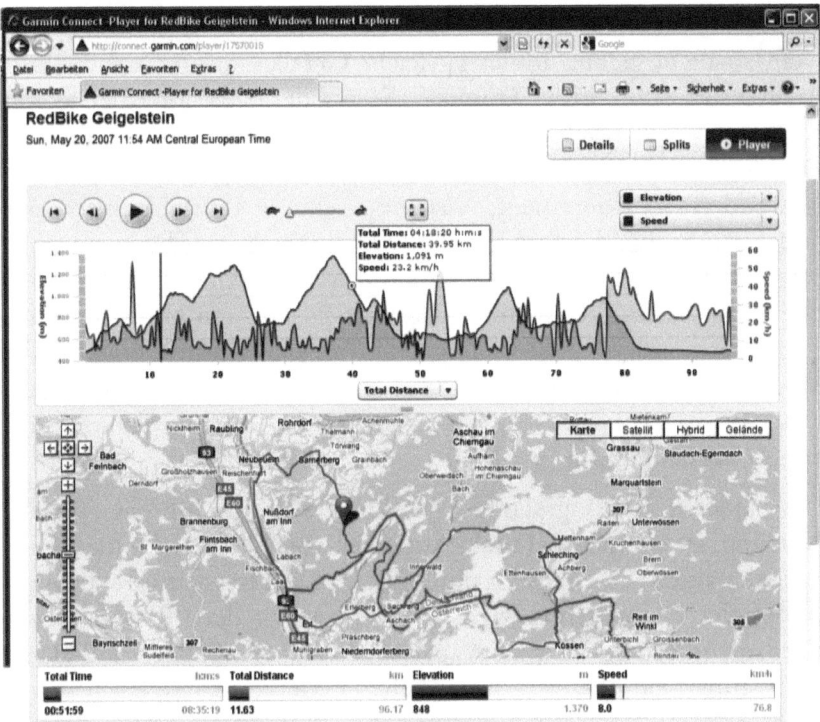

Abbildung 5-7 Garmin Connect: Ansicht im Player

Doch aufgepasst bei den Angaben der <u>Gesamthöhenmeter</u>: Auch hier ist es wieder so, dass Du einen eher theoretischen Wert vorfindest, der aus Deiner Trainingsaufzeichnung und den, in der Karte hinterlegten Daten, beruht. Den wahren Gesamt-Aufstieg, kannst Du nur Deinem Edge, dem Datenfeld „Aufstieg gesamt", dessen Wert durch die barometrische Messung im Edge ermittelt wurde, entnehmen. Sobald Du die Datenfeld-Werte der Fahrradcomputerseiten resetet, also zurückgesetzt hast, besteht z.Zt. keine Chance mehr, an die barometrischen Werte der Tour heran zu kommen.

Weitere Auswertungstools

Mit fortschreitendem GPS-Zeitalter tauchen immer mehr kostenlose Auswertungstools auf, die dem Ein oder Anderen vielleicht mehr imponieren.

Wem die Verwaltung seiner Trainings mit dem TrainingsCenter nicht so recht gefällt, findet vielleicht Gefallen an der kostenlosen Analysesoftware „**Sport Tracks**", die auf der Bedienoberfläche den Kalender, das Logbuch, eine Trainings-Zusammenfassung für Details wie Herzfrequenz, Kalorienverbrauch, Wetter oder verwendetes Equipment, sowie eine Luftbildkarte der Streckenführung, die vom Online-Dienst TerraServer bezogen wird, zeigt. Hier können die Daten entweder von Hand eingetragen oder direkt von einem GPS-Gerät oder einer Pulsuhr mit USB-Anschluß eingelesen werden. Anders aufgeteilt und vielleicht mit etwas mehr Möglichkeiten für die Verwaltung von Trainingsaufzeichnungen, bietet es jedoch keine Möglichkeiten für die Trainingsplanung und Streckenerstellung für den Edge.

Ein anderes leistungsstarkes, raffiniertes Tool für die private Nutzung, ist die „**GPS-Track-Analyse**" von Dietmar Domin. Hier handelt es sich um eine sehr umfangreiche Analysesoftware, bei der, wie es der Name schon sagt: die Auswertung der GPS-Daten im Vordergrund steht. Hierzu ist aber auch viel GPS-Wissen und etwas mehr Einarbeitungszeit erforderlich. Dafür können hiermit sogar Fotos anhand des Aufnahmezeitpunktes mit dem Track verknüpft werden. Jeder einzelne Trackpunkt der Trainingsaufzeichnungen/ kann nicht nur analysiert, sondern auch in seinen Koordinaten bearbeitet werden. Die Auswertung von zurückgelegten Höhenmetern ist hier eine Selbstverständlichkeit und an jeder Stelle auf dem Track, sofort mit der dazugehörigen Steigung in % durch den Mousezeiger sichtbar. Fehlende Höhendaten eines GPS-Tracks lassen sich kostenlos von den Download-Servern der NASA besorgen und importieren. GPS-Track-Analyse erstellt daraus detaillierte Höhenprofile Deiner Strecken in 2D und 3D Ansicht, wobei die Abweichung zum barometrisch gemessenen Wert in unseren Test´s bei 5-15 % lag. Auf alle Fälle war der theoretische Wert, der im Programmfenster „Statistik", in der Zeile „überwundene Höhen bergauf..." angezeigt wurde, immer größer als der, mit dem Edge barometrisch gemessene Gesamt-Aufstiegswert. Ganz wichtig zu wissen, wenn man dieses Tool für die Tourenvorbereitung nutzt, um den Gesamthöhenaufstieg zu erfahren, solange dies in den Garmin-Kartenprogrammen noch nicht möglich ist.

Das entsprechende Kartenmaterial holt sich GPS-Track-Analyse bei Bedarf von Microsofts Bing Kartendienst, kostenlos übers Internet. Mit dieser Software können Tracks und Trainingsaufzeichnungen diverser Dateiformate von der Festplatte geöffnet werden, wie z.B.GoogleEarth-, Fugawi-, Magellan- und natürlich alle Garmin-Formate.

Leistungsspezifische Auswertung

In unseren Augen gibt es derzeit kein besseres Trainingsgerät, als den Edge mit Kartendarstellung. Durch die gekoppelte Aufzeichnung von Trainings- und GPS-Daten, hat man unendliche Möglichkeiten und die besten Voraussetzungen für ein gezieltes Training. Während dem Fitnessbiker die TrainingsCenter Software von Garmin völlig ausreicht, den Hobbybiker vielleicht sogar mit den ganzen Daten nahezu erschlägt, bleiben für den leistungsorientierten Biker bei der Auswertung, noch viele Fragen offen. Daher möchten wir hier den Übergang schaffen, um auf eine Software aufmerksam zu machen, die all das Potenzial in sich trägt, um professionelles Training zu begleiten:

BlackTusk ; alle Infos und Kontakt unter www.blacktusk.de

Noch vor Marktauftritt, der ebenfalls mit Erscheinung dieses Buches sein wird, durften wir damit arbeiten und uns von den immensen Vorzügen überzeugen. Daher kann die Benutzeroberfläche in der Endversion etwas anders aussehen, als hier in den folgenden Abbildungen der Rohversion. Diese Software wird in verschiedenen Nutzungspaketen angeboten. Je nach dem,

- ob Du als erfahrener Sportler nach Deinen eigenen Vorstellungen trainierst und somit die Analyse- und Planungs-Software als einzelner Nutzer abonnieren möchtest;

- ob Du unter leistungsdiagnostischer Anleitung trainierst, und somit ein Nutzerkonto bei Deinem Trainer erwirbst, der mit BlackTusk arbeitet;

- ob Ihr im Club trainiert und weiteres Zubehör von BlackTusk nutzen möchtet, um bei Teamveranstaltungen /Rennen mittels GPS-LiveTracking Euer Team in schwierigem Gelände besser koordinieren zu können. Der Betreuer kann durch die Übertragung aller Fitnesswerte sofort die persönliche Fitness des Sportlers und für das Training noch nicht mobilisierte Kraftreserven erkennen. Die Teammitglieder untereinander sind über die Positionen ihrer Partner stets informiert;

- oder ob Du selber Trainer mit sportwissenschaftlichem Anspruch bist, und damit sämtliche Kundendaten verwalten und dessen Trainingsplanung managen möchtest, mit all den Fitness- und Leistungswerten, die dazu gehören.

BlackTusk ermöglicht die Kommunikation unterschiedlicher Sensoren, wie z.B. den Edge, sowie den Garmin Pulsgurt als Direktmessung über den Garmin ANT USB-Stick. Die Software genügt professionellen Ansprüchen und ist für den Outdoor-Einsatz unter schwierigen Bedingungen konzipiert.

Auf der Craft-Bike-Transalp 2010, dem härtesten MTB-Rennen über die Alpen, wurde das BlackTusk System dem Pilotprojekt unter extremen Bedingungen vom „moooove Racing-Team" unterzogen, und es erwies sich als Bereit für die Markteinführung im Herbst 2010. Das Renn-Team von „moooove.de" ist eine Gruppe von Freizeitbikern, die durch gezieltes, leistungs-diagnostisches Training bei hochrangigen MTB-Rennen stets im vorderen Finisher-Feld, oft sogar auf den ersten Plätzen zu finden sind. Es zeigt, wie wichtig und sinnvoll die Analyse von Trainingsdaten und ein individuell angepasstes Training sind.

Neben dem Pilotprojekt arbeitet „moooove" schon länger mit der Beta-Version dieser Software. Wir selbst, haben für 2 große Renneinsätze bei dieser leistungsdiagnostischen Institution trainiert und schätzen die sportmedizinischen Erfahrungen und die äußerst persönliche Betreuung. Auch wir konnten unsere Platzierungen bei bedeutenden MTB-Rennen mit erstklassiger Fahrerbesetzung vom letzten Drittel (im „ach da fahr ich mal mit"-Zustand), ins 1.Drittel (in trainiertem Zustand) vorverlegen.

Es zeigt also, auf welch hohem Niveau und mit wie viel Praxisbezug BlackTusk entwickelt wurde, um den individuellen Ansprüchen von Sportlern und Trainer gewachsen zu sein. In unseren Augen ist es das Auswertungstool, was genau zum Edge705, dem Trainingsgerät für höchste Ansprüche, passt. Deshalb möchten wir Euch einen kurzen Einblick geben, was man von der BlackTusk Analysesoftware erwarten kann.

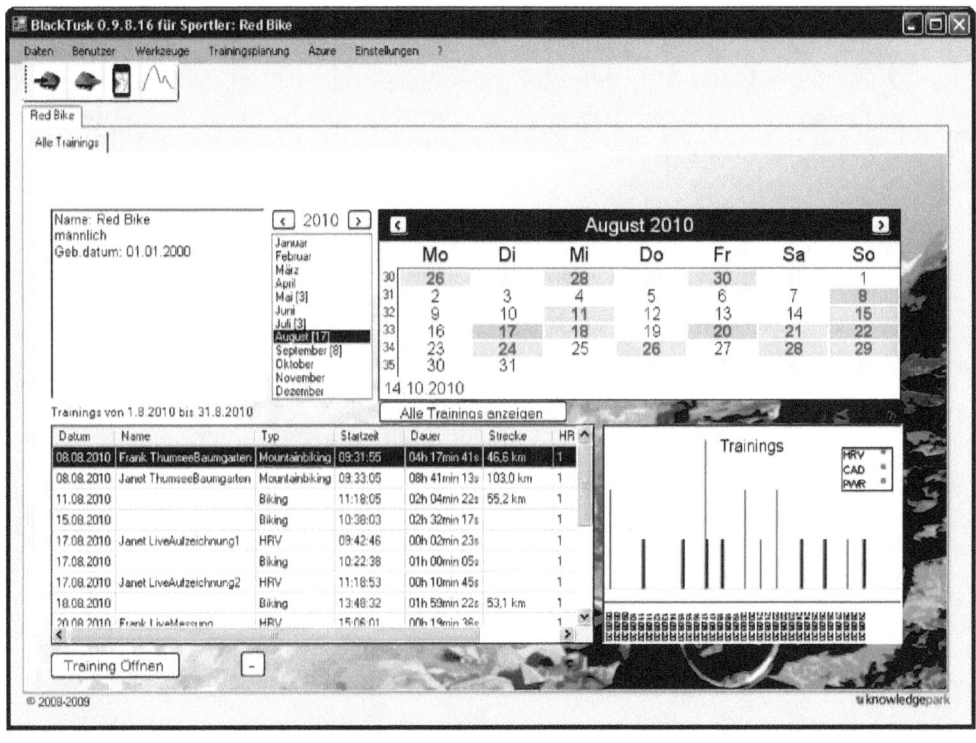

Abbildung 5-8 BlackTusk: Gesamtübersicht aller absolvierten Trainings nach Monaten

Nach Start des Programms begrüßt Dich zuerst einmal die Übersicht aller bereits geleisteten Trainingseinheiten. Mit der Monatsauswahl kannst Du schnell auf entsprechende Trainings zugreifen. Gleichzeitig werden die Tage im Kalender rot markiert und blau hinterlegt. In der unteren Detailliste findest Du alle Aufzeichnungen übersichtlich aufgelistet mit Datum, Namen (den Du bearbeiten kannst), Sportart, Startzeit, Dauer, zurückgelegter Entfernung und welche Daten vorliegen (Herzrate, Trittfrequenz,

Leistung, GPS). Rechts daneben, ist dies noch einmal in der Grafik zusammengefasst.

Klickt man nun ein Training in der Detailliste doppelt an, öffnen sich die dazugehörigen Daten in einem eigenen Ansichtsfenster.

In der „Statistik"-Ansicht können der Tourname, die Art der Aktivität, eine Beschreibung und das Wohlbefinden vermerkt, sowie weitere Gesamtzahlen eingesehen werden.

Für die Darstellung des Tracks in der Karte, werden die freien Karten von OpenStreetMaps verwendet. Dazu steht eine Downloadfunktion bereit, um die entsprechenden Kartenteile einfach auswählen zu können.

Werfen wir einen Blick in die Möglichkeiten der grafischen Darstellungen absolvierter Trainings, siehe dazu die Abbildungen auf Seite 121 und 122. In beiden Abbildungen sind die Trainingsdaten, ein und desselben Trainings, in der Gesamtansicht dargestellt. Nur die Aufteilung der Fenster und die Auswahl der Fensterinformationen wurden anders gewählt. Bei Trainings, die mit dem Edge aufgezeichnet wurden, können Informationen

- in der Karte,

- Häufigkeiten diverser Werte als Balkendiagramme,

- diverse Werte im Zeit- oder Distanzlinien- oder Punktdiagramm übereinandergelegt,

- oder XY-Diagramme von diversen Werten

ausgewählt werden.

Die gefahrenen Höhendaten sind als Gesamtwert verfügbar und die Geländeneigung von Up- und Downhill können im Zeit- oder Distanzdiagramm, in Prozent abgelesen werden.

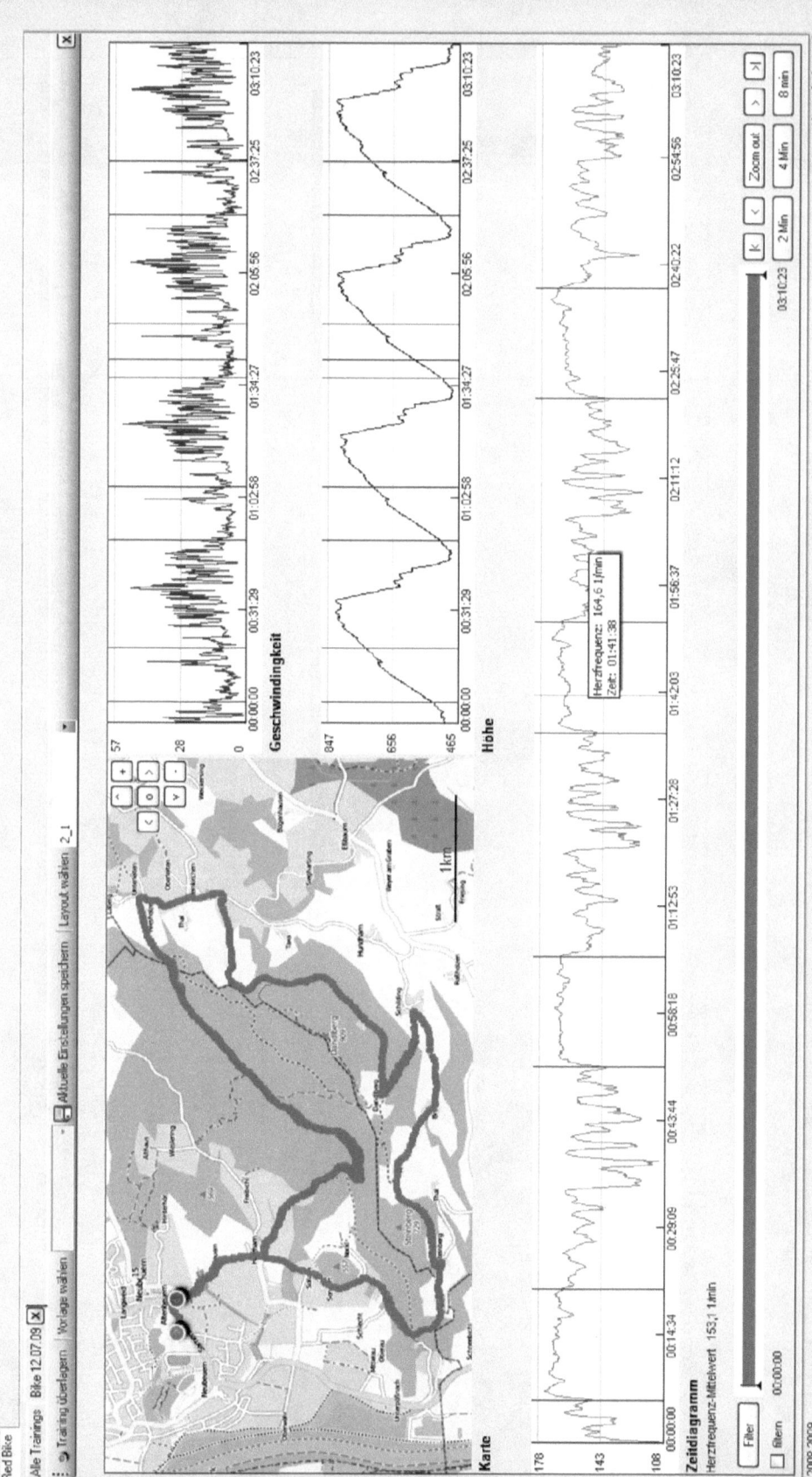

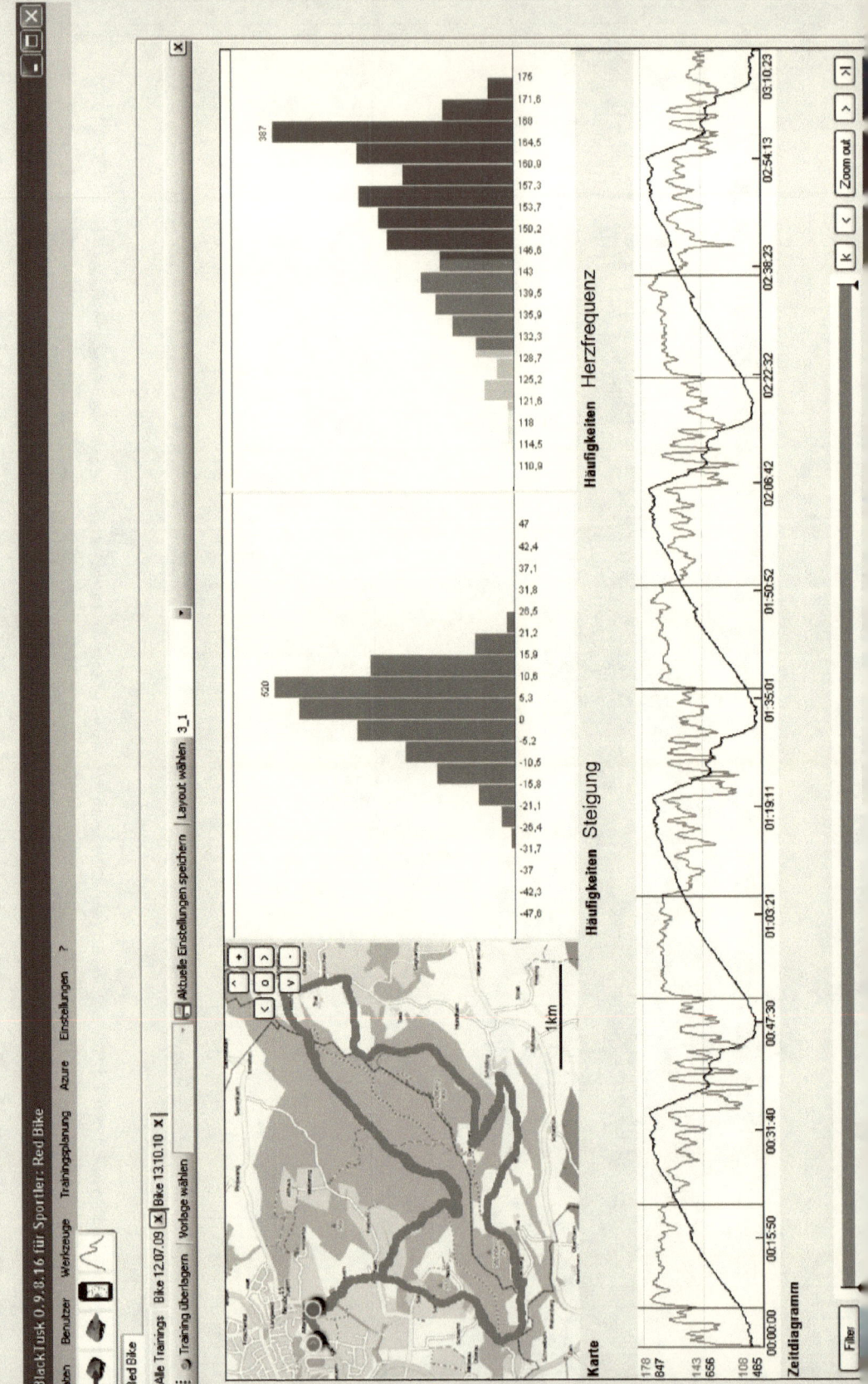

Damit aber nicht genug. Durch die Kommunikation verschiedener Sensoren können mittels Gamin ANT USB-Stick, in BlackTusk auch Livemessungen erfolgen, womit wesentlich genauere Werte erfasst und aufgezeichnet werden können. Es wird z.B. durch den Garmin-Pulsgurt jeder einzelne Pulsschlag erfasst (hingegen bei der Auswertung, der im Edge abgespeicherten Aufzeichnungen, wo nur der Pulsmittelwert einer bestimmten Zeitspanne angezeigt und abgespeichert wird). Bei der Live-Aufzeichnung (siehe Abbildung S.124) können des Weiteren sportmedizinische Informationen mittels der HRV Frequenzanalyse, HR Spectroanalyse, HR Scatter und dem Sliding Window gewonnen werden.

Trainings können selbstverständlich miteinander verglichen und die diversen Werte in der bevorzugten Darstellung übereinander gelegt werden.

Ebenso kann BlackTusk den Datenbestand synchronisieren, sobald jemand seine Sportlerdatei auf mehreren Rechnern angelegt hat.

Es gibt also unendliche Möglichkeiten, diese Software zu nutzen und die eigenen Grenzen auszureizen. Für eine professionelle und individuelle Trainingsberatung im Münchner Raum, können wir das Team von moooove.de unbedingt empfehlen, die schon längst mit BlackTusk arbeiten.

…denn so nicht mehr :

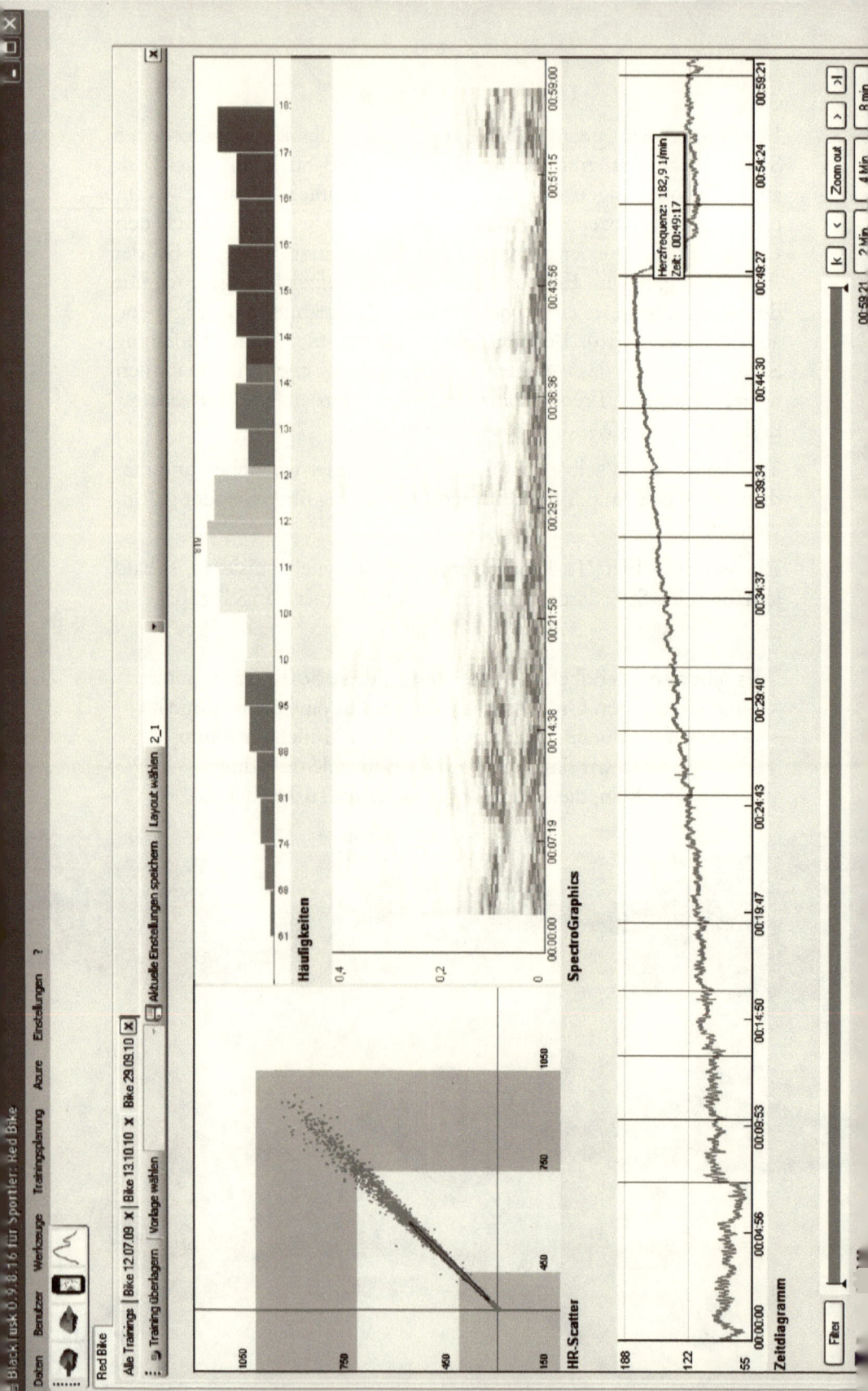

Alles in allem hast Du nun eine Vielzahl an Möglichkeiten und Programmen kennengelernt, wie Du mit dem Edge richtig viel unternehmen und erleben kannst, wie Du die aufgezeichneten GPS- und Trainingsdaten am PC auswertest, analysierst oder bearbeitest und für die Wiederverwendung ordentlich abspeicherst.

Denke jedoch bei der Weitergabe Deiner Tourdaten auch daran, ob der aufgezeichnete Track auch für die Öffentlichkeit bestimmt ist! Vermeide also

- die Aufzeichnung von Privatwegen, auf denen sämtlicher Verkehr nicht erwünscht oder sogar untersagt ist;

- schmale Wanderwege, die evtl. sogar noch stark frequentiert sind, als MTB-Strecke anzupreisen und

- die Aufzeichnung von Querfeldein-Aktionen.

Achte auf ein gesundes Maß an Verträglichkeit zwischen Mensch und Natur, sowie der verschiedenen Freizeitaktivitäten der Menschen untereinander

und habe viel Spaß mit Deinem Edge705/ 605!

Fehlersuche

Schließe Deinen Edge, zur Behebung erster Unklarheiten, per USB-Kabel am Rechner an Starte den Garmin WebUpdater und lasse nach dem neuesten Geräte-Update suchen! Sollte die neueste Firmware das Problem nicht beseitigt haben, hast Du mit der folgenden Liste vielleicht eine Chance, dem Problem auf die Spur zu kommen:

Edgedisplay ist „eingefroren", reagiert auf keine Taste	- Entferne zuerst die Micro SD-Karte. Hat diese,einen Kontaktfehler, reagiert der Edge durch „Einfrieren". - Führe einen Softreset durch, hierbei bleiben Deine Daten erhalten: siehe Tastenübersicht, Kapitel 2
Edge reagiert gar nicht mehr, lässt sich nicht mehr einschalten	- Lösche den gesamten GPX-Ordner, der sich im Gerät und auf der Micro SD-Karte befindet. Liegt hier eine fehlerverursachende Datei, kann es sein, dass der Edge so reagiert. Der GPX-Ordner erstellt sich nach dem Einschalten automatisch neu. - Führe einen Hardreset durch, der den Edge wird in den Auslieferungszustand zurück versetzt: siehe Tastenübersicht, Kapitel 2
Edge zeigt plötzlich während der Fahrt keine Kartenhinterlegung mehr an	- Gehe ich die Karteneinstellungen und sieh nach, ob der Kartenname im unteren großen Kasten sichtbar ist. Wenn nicht, hatte der Edge kurzzeitig einen Störimpuls erfahren, durch den oft die Kartendarstellung abgeschaltet wird. Diese Impulse können von mehreren erkannten Puls- oder Trittfrequenzmessern kommen, die sich bei der Synchronisation

	ebenfalls, im näheren Umkreis befanden. Passiert gern bei Triffrequenzmessern von 2 Bikes, die dann auch gemeinsam auf Tour gehen (Pulsmesser genau so). Aber auch sonstige Impulse lösen dieses Phänomen in Ausnahmefällen aus. Schalte den Edge aus und starte ihn einfach neu.
Kartenansicht wandert während der Fahrt nicht mehr mit	- Hast Du mit dem thumb stick die Karte verschoben, oder zumindestens im Gelände etwas anzeigen lassen, befindet sich die Karte noch in diesem „Zeige"-Modus. So lange Du den weißen Zeige-Pfeil in der Kartenansicht sehen kannst, bleibt die Karte stehen und wandert nicht mit Deiner Fahrbewegung mit. Einmal auf „mode" drücken und Du bist wieder in der normalen Karten-ansicht zurück, die mitwandert.
Luftlinien am Gerätedisplay nach Navigationsstart	- in den Routingeinstellungen ist „Berechnung als Luftlinie" angewählt - es befindet sich keine Karte im Gerät, welche Informationen zur Routenberechnung beinhaltet, z.B. keine Strassenkarte, keine routingfähige topografische Karte - die Basiskarte wurde gelöscht, siehe Problem „Basiskarte fehlt" - sind mehrere, verschiedene Karten auf der MicroSD-Karte / Gerät gespeichert, die den gleichen Abschnitt abdecken, z.B. Straßen- und Topokarte, können sich diese evtl. blockieren. Deaktiviere in den Kartenein-stellungen die nicht benötigte Karte!

Alle Linien in der Karte werden so dick, dass ich nicht mal noch den Weg sehen kann	- Wenn der Edge besonders viel berechnen muss, werden sämtliche Linien nach einer Weile dick. Das kann beim nächsten Bildaufbau schon wieder weg sein. Gern passiert das bei der Streckennavigation oder einem Routing mit Karten, die besonders viel Wege und Steige auf geringer Fläche haben (z.B. routingfähige topografische Karten). Brich die Navigation ab und starte sie neu, wenn der Bildaufbau nicht besser wird.
Der Edge navigiert mich nicht auf dem von mir ausgewählten Track	- Wird der Track nicht nur zur Anzeige im Display, sondern auch noch zusätzlich zur Navigation gestartet, ist es beim MTBiken sinnvoller, bei einer routingfähigen topografischen Karte, die Routingeinstellung „Fußgänger" zu verwenden, da sonst sogar teilweise breite Forststraßen nicht, für die Fahrradroute zugelassen werden. Der Edge meldet immer „umkehren", obwohl ein sehr guter, fahrbarer Weg vorhanden ist. - Die automatische Navigation auf einem Track, und das am Besten noch auf einem Rundkurs, ist mit routingfähigem Kartenmaterial im Gerät, generell nicht befriedigend. Hier findet der Edge nämlich meist einen schnelleren Weg zum Ziel, missachtet dabei aber gern, nach ein paar Kilometern, die Vorgaben des aktivierten Tracks. Lass Dir den Track am Besten nur als farbige Linie im Display anzeigen und überprüfe selbst, ob Du diesem richtig folgst. Du brauchst dazu

	keine Navigation starten.
Tracks, die ichim Edge in der „Gespeich.Strecken"-Liste sehen kann, werden in BaseCamp, im Speicher des Edge´s nicht angezeigt	- Normaler Weise können Karten-programme sowieso keine Daten aus Trainingsgeräten lesen. In BaseCamp wurde dies jedoch ermöglicht, aber eben nur für die aktuellen Aufzeichnungen, die im Edge im Protokollspeicher liegen. Abgespeicherte Tracks und Routen, die also im GPX-Ordner liegen, öffnest Du über „Datei importieren" und wählst den Pfad im Edge-Geräte- oder MicroSD-Karten-speicher.
Trackbezeichnungen meiner GPX-Dateien stimmen nicht mit den Track-bezeichnungen in der „Gespeich.Strecken"-Liste des Gerätes überein	- In der Liste der „Gespeich.Strecken" wird nicht der Name der GPX-Datei angezeigt, sondern der Name des Tracks, den man beim Erstellen oder Bearbeiten dem Track vor dem Abspeichern gegeben hat. Wie die GPX-Datei heißt, in der sich der Track befindet, ist völlig belanglos.
Gesamthöhe im Edge ist eine andere, als die, die ich in der PC-Software angezeigt bekomme	- vertraue in erster Linie nur der barometrisch ermittelten Gesamthöhe aus dem Datenfeld des Edge-Gerätedisplay´s. Sobald Du Deine Tourdaten in eine GPS-Software in den PC holst, werden auch die dort zugrunde liegenden Höhendaten aus den Karteninformationen mit einberechnet, welche Koordinate für Koordinate vielleicht nicht einmal um einen Meter abweichen, in der Gesamtsumme jedoch eine Menge ausmachen.
Gesamthöhe bleibt im Edge-Display auf Null, obwohl der Höhenmesser arbeitet	-dieser Berechnungsfehler tauchte unter einer bestimmten Firmware auf. Hole Dir das neueste Geräte-Update über den Web-Updater.

Karte der vorprogrammierten MicroSD-Karte wird in der Kartenansicht, im Edge nicht angezeigt	- überprüfe in den Karten-einstellungen, ob diese dort zur Auswahl steht, wenn ja: ob das Häkchen vor dem Kartennamen gesetzt ist.–muss gesetzt sein- - Überprüfe am PC mittels BaseCamp, ob sich im Edge-Gerätespeicher und auf der MicroSD-Karte die gleichen Karten befinden. Wenn ja: können sich diese Daten gegenseitig blockieren und es wird keine von beiden, im Edge angezeigt. Entferne zuerst die vorprogrammierte MicroSD-Karte, entferneim 2.Schritt mittels WindowsExplorer im „Garmin"-Ordner des Edge- Gerätespeichers die „gmapsupp.img"- Datei, jedoch keinesfalls die „gmapbmap.img"-Datei. Das ist die Basiskarte, diese muss im unbedingt im Gerätespeicher liegen bleiben.
Beim Herauszoomen der Kartenansicht, dauert der Kartenaufbau sehr lange. Basiskarte = "Basemap" fehlt	- Stelle in den Karteneinstellungen, „Weniger" Details ein! So wird beim Herauszoomen, schon ab dem 5km-Maßstab die Basiskarte verwendet, wodurch der Bildaufbau wesentlich schneller geht. - Werden beim Kartenmaßstab von 50km immer noch die detaillierten Daten einer zusätzlich installierten Karte geladen, wurde womöglich die Basiskarte versehentlich am PC aus dem Edge-Gerätespeicher gelöscht. Sieh am PC mittels Windows-Explorer nach, ob sich die Basiskarte im „Garmin"-Ordner des Edge-Gerätespeichers befindet. Dort muss die „gmapbmap.img" mit ca. 12,5MB liegen. Falls nicht: HattestDu Dir eine Sicherungsdatei

	des Gerätespeichers angelegt? Dann kannst Duaus dieser, die Datei wieder in den „Garmin"-Ordner des Gerätspeichers kopieren.Hast Du keine Sicherungsdatei, stellt auch ein Hardreset die fehlende Karte **nicht** wieder her. Wende Dich an den Garmin-Support
Favoriten lassen sich im Edge nicht löschen	- Achte auf die unterschiedlichen Kategorien: Favoriten oder „kürzlich gefundene Elemente" als Untermenü in Favoriten. Der Edge speichert bis zu 50 der zuletzt gefundenen Wegpunkte in diesem Speicher. Objekte in diesem „kürzl. gefundene Elemente"-Speicher kann und braucht man nicht entfernen. Die ältesten Einträge werden von neueren Einträgen einfach überschrieben.
Dateien (Tracks usw.) habe ich am Rechner (MAC) aus dem Edge Gerätespeicher schon des Öfteren gelöscht, diese sind jedoch immer noch vorhanden.	- Computer der MAC-Reihe löschen die Daten nicht vollständig, sondern legen stattdessen einen „Papierkorb" auf dem Laufwerk (im GPS-Gerät) an, mit der Dateibezeichnung \.Trashes. Daher kann das GPS-Gerät diese Datei weiter verwenden. Über den Arbeitsplatz des MAC´s ist dieser jedoch nicht zu finden. Falls Windows-Rechner verfügbar, wäre das die einfachste Lösung.
Trittfrequenzmesser wird nicht gefunden	- Wähle im Edge Einstellungs->ANT+Sport>Zubehör-Menü „Neu suchen" , betätige beim Synchronisieren zusätzlich die kleine Reset-Taste am GSC10 mit einer Kugelschreibermine und drehe sofort die Tretkurbel einige Umdrehungen. Wird die Trittfrequenz immer noch nicht

	angezeigt, wechsle die Batterie.
	- Batterie ist ruckzuck leer, hält keine 4 Wochen.Nimm mit dem Garmin-Support Kontakt auf !
In BaseCamp können Tracks und Wegpunkte nicht bearbeitet werden.	- Achte darauf, dass Du Dich nicht im Edgespeicher befindest. Hier können die Aufzeichnungen nämlich nur beobachtet werden. Zum Bearbeiten musst Du das entsprechende Objektzuerst mit einem rechten Mouseklick> in „Meine Sammlung", in BaseCamp senden.

Index

Notizen